村庄整治技术手册

# 排水设施与污水处理

住房和城乡建设部村镇建设司　组织编写

刘俊新　主编

中国建筑工业出版社

图书在版编目(CIP)数据

排水设施与污水处理/刘俊新主编.—北京：中国建筑工业出版社，2009
(村庄整治技术手册)
ISBN 978-7-112-11655-3

Ⅰ.排… Ⅱ.刘… Ⅲ.①农村—排水工程—手册
②农村—污水处理—手册 Ⅳ.S27-62 X703-62

中国版本图书馆 CIP 数据核字(2009)第 219620 号

---

村庄整治技术手册
### 排水设施与污水处理
住房和城乡建设部村镇建设司　组织编写
刘俊新　主编

\*

中国建筑工业出版社出版、发行（北京西郊百万庄）
各地新华书店、建筑书店经销
北京天成排版公司制版
北京建筑工业印刷厂印刷

\*

开本：880×1230毫米　1/32　印张：$4\frac{5}{8}$　字数：140千字
2010年3月第一版　2014年8月第三次印刷
定价：**14.00**元
ISBN 978-7-112-11655-3
(18904)

**版权所有　翻印必究**
如有印装质量问题，可寄本社退换
（邮政编码 100037）

本书为村庄整治技术手册之一。书中结合《村庄整治技术规范》(GB 5044—2008)的相关内容,简要介绍了村庄排水类型、排放标准、排水系统、适合农村污水特征的污水处理技术与设备,以及几项工程实例。可供各省、市、县建设行政管理部门村庄整治管理人员;农村基层建设技术人员;各镇、乡、村领导学习参考。

*　*　*

责任编辑:刘　江
责任设计:赵明霞
责任校对:陈　波　刘　钰

# 《村庄整治技术手册》
# 组委会名单

主　任：仇保兴　住房和城乡建设部副部长
委　员：李兵弟　住房和城乡建设部村镇建设司司长
　　　　赵　晖　住房和城乡建设部村镇建设司副司长
　　　　陈宜明　住房和城乡建设部建筑节能与科技司司长
　　　　王志宏　住房和城乡建设部标准定额司司长
　　　　王素卿　住房和城乡建设部建筑市场监管司司长
　　　　张敬合　山东农业大学副校长、研究员
　　　　曾少华　住房和城乡建设部标准定额所所长
　　　　杨　榕　住房和城乡建设部科技发展促进中心主任
　　　　梁小青　住房和城乡建设部住宅产业化促进中心副主任

# 《村庄整治技术手册》
# 编委会名单

主　编：李兵弟　住房和城乡建设部村镇建设司司长、教授级高级城市规划师

副主编：赵　晖　住房和城乡建设部村镇建设司副司长、博士

　　　　徐学东　山东农业大学村镇建设工程技术研究中心主任、教授

委　员：（按姓氏笔画排）

　　　　卫　琳　住房和城乡建设部村镇建设司村镇规划（综合）处副处长

　　　　马东辉　北京工业大学北京城市与工程安全减灾中心研究员

　　　　牛大刚　住房和城乡建设部村镇建设司农房建设管理处

　　　　方　明　中国建筑设计研究院城镇规划设计研究院院长

　　　　王旭东　住房和城乡建设部村镇建设司小城镇与村庄建设指导处副处长

　　　　王俊起　中国疾病预防控制中心教授

　　　　叶齐茂　中国农业大学教授

　　　　白正盛　住房和城乡建设部村镇建设司农房建设管理处处长

　　　　朴永吉　山东农业大学教授

　　　　米庆华　山东农业大学科学技术处处长

　　　　刘俊新　住房和城乡建设部农村污水处理北方中心研究员

　　　　张可文　《施工技术》杂志社社长兼主编

　　　　肖建庄　同济大学教授

　　　　赵志军　北京市市政工程设计研究总院高级工程师

| | |
|---|---|
| 郝芳洲 | 中国农村能源行业协会研究员 |
| 徐海云 | 中国城市建设研究院总工程师、研究员 |
| 顾宇新 | 住房和城乡建设部村镇建设司村镇规划(综合)处处长 |
| 倪 琪 | 浙江大学风景园林规划设计研究中心副主任 |
| 凌 霄 | 广东省城乡规划设计研究院高级工程师 |
| 戴震青 | 亚太建设科技信息研究院总工程师 |

# 序

当前,我国经济社会发展已进入城镇化发展和社会主义新农村建设双轮驱动的新阶段,中国特色城镇化的有序推进离不开城市和农村经济社会的健康协调发展。大力推进社会主义新农村建设,实现农村经济、社会、环境的协调发展,不仅经济要发展,而且要求大力推进生态环境改善、基础设施建设、公共设施配置等社会事业的发展。村庄整治是建设社会主义新农村的核心内容之一,是立足现实、缩小城乡差距、促进农村全面发展的必由之路,是惠及农村千家万户的德政工程。它不仅改善了农村人居生态环境,而且改变了农民的生产生活,为农村经济社会的全面发展提供了基础条件。

在地方推进村庄整治的实践中,也出现了一些问题,比如乡村规划编制和实施较为滞后,用地布局不尽合理;农村规划建设管理较为薄弱,技术人员的专业知识不足、管理水平较低;不少集镇、村庄内交通路、联系道建设不规范,给水排水和生活垃圾处理还没有得到很好解决;农村环境趋于恶化的态势日趋明显,村庄工业污染与生活污染交织,村庄住区和周边农业面临污染逐年加重;部分农民自建住房盲目追求高大、美观、气派,往往忽略房屋本身的功能设计和保温、隔热、节能性能,存在大而不当、使用不便、适应性差等问题。

本着将村庄整治工作做得更加深入、细致和扎实,本着让农民得到实惠的想法,村镇建设司组织编写了这套《村庄整治技术手册》,从解决群众最迫切、最直接、最关心的实际问题入手,目的是为广大农民和基层工作者提供一套全面、可用的村庄整治实用技术,推广各地先进经验,推行生态、环保、安全、节约理念。我认为这是一项非常及时和有意义的事情。但尤其需要指出的是,村庄整治工作的开展,更离不开农民群众、地方各级政府和建设主管部门以及社会各界的共同努力。村庄整治的目的是为农民办实事、办好事，我希望这套丛书能解决农村一线的工作人员、技术人员、农民参与村庄整治的技术需求，能对农民朋友们和广大的基层工作者建设美好家园和改变家乡面貌有所裨益。

仇保兴

2009 年 12 月

# 前　言

《村庄整治技术手册》是讲解《村庄整治技术规范》主要内容的配套丛书。按照村庄整治的要求和内涵，突出"治旧为主，建新为辅"的主题，以现有设施的改造与生态化提升技术为主，吸收各地成功经验和做法，反映村庄整治中适用实用技术工法(做法)。重点介绍各种成熟、实用、可推广的技术(在全国或区域内)，是一套具有小、快、灵特点的实用技术性丛书。

《村庄整治技术手册》由住房和城乡建设部村镇建设司和山东农业大学共同组织编写。丛书共分13分册。其中，《村庄整治规划编制》由山东农大组织编写，《安全与防灾减灾》由北京工业大学组织编写，《给水设施与水质处理》由北京市市政工程设计研究总院组织编写，《排水设施与污水处理》由住房城乡建设部农村污水处理北方中心组织编写，《村镇生活垃圾处理》由中国城市建设研究院组织编写，《农村户厕改造》由中国疾病预防控制中心组织编写，《村内道路》由中国农业大学组织编写，《坑塘河道改造》由广东省城乡规划设计研究院组织编写，《农村住宅改造》由同济大学组织编写，《家庭节能与新型能源应用》由亚太建设科技信息研究院组织编写，《公共环境整治》由中国建筑设计研究院城镇规划设计研究院组织编写，《村庄绿化》由浙江大学组织编写，《村庄整治工作管理》由山东农业大学组织编写。在整个丛书的编写过程中，山东农业大学在组织、协调和撰写等方面付出了大量的辛勤劳动。

本手册面向基层从事村庄整治工作的各类人员，读者对象主要包括村镇干部，村庄整治规划、设计、施工、维护人员以及参与村庄整治的普通农民。

村庄整治技术涉及面广，手册的内容及编排格式不一定能满足所有读者的要求，对书中出现的问题，恳请广大读者批评指正。另外，村庄整治技术发展迅速，一套手册难以包罗万象，读者朋友对在村庄整治工作中遇到的问题，可及时与山东农业大学村镇建设工程技术研究中心(电话 0538-8249908，E-mail：zgczjs@126.com)联系，编委会将尽力组织相关专家予以解决。

编委会<br>
2009 年 12 月

# 本书前言

随着国民经济的发展和对环境质量要求的提高,在城市污水和工业废水逐步得到解决的今天,农村污水污染及其控制的问题日益迫切。目前,我国农村污水处理率非常低,许多村庄污水未经任何处理而通过沟渠等直接排放,造成周边环境严重的"脏、乱、差"现象,也是潜在的传染病病源。另一方面,农村污水也是水体污染和富营养化的重要污染源。农村污水包括农户生活污水(厨房污水、洗浴污水和厕所污水)、庭院污(雨)水、家禽牲畜圈舍污水、家禽牲畜粪便和少量的乡村工业废水等,含有各种有机污染物、合成洗涤剂、油脂、悬浮物和病菌等,具有分散、排放无规律、日变化系数大等特点,不同地域的环境条件及污水排放特征也有较大差异。

近年来,国家和地方开始加大农村污水整治力度。由于上述农村污水特点,照搬城镇污水处理技术是不可行的。本书结合《村庄整治技术规范》(GB 50445—2008)的相关内容,简要介绍了村庄排水类型、排放标准、排水系统、适合农村污水特征的污水处理技术与设备,以及几项工程实例。可供广大基层技术人员和管理人员参考。

本书第 1 章和第 2 章介绍农村污水的相关概念、排放参考标准、水样检测方法以及几个农村污水特征的案例,第 3 章是村庄排水系统相关内容,第 4 章到第 6 章是村庄污水处理单元技术,第 7 章是村庄污水处理的组合技术,介绍村庄污水处理的模式和单元技术组合的相关内容,第八章是农村污水处理的几个案例分析。

本书由住房和城乡建设部村镇司组织编写。参加编写的人员及分工如下:第 1 章由刘俊新、邹娟、梁瀚文编写;第 2 章由邹娟、梁瀚文、刘俊新编写;第 3 章由尘峰、齐磊、邵宏文、王海、王标编写;第 4 章由梁瀚文、刘俊新编写;第 5 章由刘俊新、郭雪松、梁瀚文编写；第 6 章由单保庆、赵建伟、陈庆峰编写，第 7 章由郭雪松、刘俊新、单保庆、邹娟编写；第 8 章由刘俊新、郭雪松、尘峰编写。全书由刘俊新任主编并统稿。

  由于编者水平所限，加之时间仓促，书中不妥和错误之处，敬请读者批评指正。

# 目 录

1 村庄排水类型与污水处理技术 ·················································· 1
  1.1 村庄排水类型及其特征 ·················································· 1
    1.1.1 生活污水 ·················································· 1
    1.1.2 生产污水 ·················································· 2
    1.1.3 被污染的雨水 ·················································· 2
  1.2 村庄污水处理技术和模式 ·················································· 3
    1.2.1 村庄污水处理技术 ·················································· 3
    1.2.2 村庄污水处理模式 ·················································· 4

2 村庄污水特征与排放标准 ·················································· 5
  2.1 村庄污水特征调查案例 ·················································· 5
  2.2 村庄污水相关的排放标准 ·················································· 10
  2.3 村庄污水水质检测 ·················································· 12
    2.3.1 水样的采集与保存 ·················································· 12
    2.3.2 现场简易检测指标与方法 ·················································· 12

3 村庄排水系统 ·················································· 14
  3.1 概述 ·················································· 14
    3.1.1 村庄排水现状与特点 ·················································· 14
    3.1.2 村庄排水设施建设的指导原则 ·················································· 15
    3.1.3 村庄排水体制的确定 ·················································· 15
  3.2 庭院排水 ·················································· 16
    排水-1 庭院排水设施 ·················································· 16
    3.2.1 生活污水排水设施 ·················································· 17
    3.2.2 生产污水排水设施 ·················································· 18
    3.2.3 雨水排水设施 ·················································· 18

## 3.3 村落排水 ... 19
### 排水-2 村落排水设施 ... 19
3.3.1 村落排水形式 ... 19
3.3.2 村落排水设施材料 ... 23
3.3.3 污水排放设施施工方法 ... 29
3.3.4 污水排放设施造价 ... 32
3.3.5 运行维护管理 ... 34

# 4 村庄污水物化处理技术 ... 36
## 4.1 过滤 ... 36
### 排水-3 滤池与过滤器 ... 36
## 4.2 沉淀 ... 40
### 排水-4 沉淀池 ... 40
## 4.3 混凝 ... 44
### 排水-5 混凝澄清池 ... 44
## 4.4 吸附 ... 48
### 排水-6 活性炭吸附设备 ... 48
## 4.5 消毒 ... 51
### 排水-7 氯消毒、臭氧消毒紫外线消毒设备，含氯消毒药片 ... 51

# 5 村庄污水生物处理技术 ... 56
### 排水-8 化粪池 ... 56
### 排水-9 沼气池 ... 61
### 排水-10 氧化沟 ... 61
### 排水-11 生物接触氧化池 ... 69
### 排水-12 生物滤池 ... 78

# 6 村庄污水生态处理技术 ... 84
### 排水-13 生态滤池 ... 84
### 排水-14 人工湿地 ... 87
### 排水-15 稳定塘 ... 94
### 排水-16 土地渗滤 ... 97
### 排水-17 亚表层渗滤 ... 101

# 7 村庄污水处理组合技术 ················ 104
## 7.1 村庄污水处理技术的选择原则 ············ 104
## 7.2 单户污水处理组合技术 ················ 104
### 7.2.1 初级处理技术 ··················· 105
排水-18 化粪池或沼气池处理技术 ·········· 105
### 7.2.2 化粪池或沼气池＋生态处理组合技术 ······ 105
排水-19 化粪池或沼气池＋生态滤池 ········· 105
排水-20 化粪池或沼气池＋人工湿地 ········· 105
排水-21 化粪池或沼气池＋土地渗滤 ········· 106
排水-22 化粪池或沼气池＋稳定塘 ·········· 106
### 7.2.3 化粪池或沼气池＋生物处理组合技术 ······ 106
排水-23 化粪池或沼气池＋生物接触氧化池 ····· 106
排水-24 化粪池或沼气池＋生物滤池 ········· 106
### 7.2.4 生物＋生态深度处理组合技术 ·········· 107
排水-25 生物＋生态深度处理组合技术 ········ 107
### 7.2.5 雨水利用技术 ··················· 107
排水-26 雨水利用技术 ················· 107
## 7.3 多户污水处理组合技术 ················ 108
## 7.4 村庄污水处理组合技术 ················ 109
### 7.4.1 物化处理技术 ··················· 109
### 7.4.2 生物处理技术 ··················· 109
排水-27 化粪池或沼气池＋氧化沟组合模式 ····· 109
排水-28 化粪池或沼气池＋生物接触氧化池组合模式 ·· 110
排水-29 化粪池或沼气池＋生物滤池组合模式 ···· 110
### 7.4.3 生态处理技术 ··················· 111
排水-30 化粪池或沼气池＋生态滤池组合模式 ···· 111
排水-31 化粪池或沼气池＋人工湿地组合模式 ···· 111
排水-32 化粪池或沼气池＋土地渗滤组合模式 ···· 111
排水-33 化粪池或沼气池＋稳定塘组合模式 ····· 112
### 7.4.4 生物＋生态深度处理技术 ············· 112
### 7.4.5 雨水利用技术 ··················· 112

# 8 工程实例 ···························· 113

8.1 氧化沟处理村落污水工程实例 …… 113
8.2 厌氧生物处理技术工程实例 …… 116
8.3 好氧生物处理技术工程实例 …… 120
8.4 厌氧＋好氧联合处理技术工程实例 …… 123

**附录　技术列表** …… 127

**参考文献** …… 130

# 1 村庄排水类型与污水处理技术

## 1.1 村庄排水类型及其特征

村庄排水主要是指农村居民在生活和生产过程中排放的污水和被污染的雨水,其排放特征和水质水量各不相同。

### 1.1.1 生活污水

农村生活污水是指农村居民在日常活动中排放的污水,包括厨房污水、洗浴污水和厕所污水等。由于农村人口密度低、居住分散、日常活动独立,因此生活污水具有水量小、分散、排放无规律、水质水量日变化系数大等特征。

厨房污水是指在洗菜、烧饭、刷锅和洗碗等过程中排放的污水。厨房污水中油和有机物含量较高。

洗浴污水是指在洗澡、洗衣和洗涤等过程中排放的污水。洗浴污水含有洗涤剂。

厕所污水即冲厕污水,包括粪便和尿液,除含有高浓度的有机物、氮和磷等外,还可能含有致病微生物和残余药物,给人体健康带来一定的风险。

生活污水按颜色可划分为灰水和黑水。灰水中有机物浓度较低,且大部分易于生物降解,如洗浴污水等;黑水中污染物浓度较高,如厕所污水等。灰水的净化相对比较容易,处理后的出水可作多种用途回用,如冲厕、清洁、绿化和农田灌溉等。黑水中粪便有机物含量高,可将其转化为沼气;尿液含有大量的氮和磷等营养物,可用于生产肥料。处理黑水的过程中应加强对病原微生物的去除或灭活。

农村生活污水分类如图 1-1 所示。

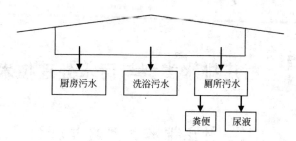

图 1-1　农村生活污水类型

## 1.1.2　生产污水

农村生产污水是指农村居民在畜禽养殖、农产品种植与加工等生产过程中排放的污染物浓度相对较高的污水。本手册讨论的农村生产污水不包括坐落于村镇的工业企业生产过程中排放的污水，以及施用化肥农药等造成的农业面源污染。

畜禽养殖饲料含有抗生素、生长激素和重金属离子等特殊成分，导致畜禽养殖污水与生活污水呈现不同的水质特征。畜禽养殖污水中除含有大量有机物和氮磷等营养物，还含有某些持久性有机污染物、重金属离子、病原微生物等，在污水处理时应予以考虑。畜禽养殖污水中的有机物可转化为沼气；在重金属离子等有毒有害物质的含量符合农用标准时，污水中的氮磷等营养物亦可用于生产肥料。

## 1.1.3　被污染的雨水

被污染的雨水主要是指初期雨水。在降雨初期，由于空气中污染物转移和地面的各种污染物冲刷，雨水被污染的程度很高。雨水中污染物的浓度随着降雨持续时间的延长而降低并趋于稳定。为减少成本和降低对污水处理设施的冲击负荷，同时处理尽可能多的污染物，通常只需对初期雨水进行收集和处理。

初期雨水水质较复杂，与村庄的环境状况有关，主要污染物包括有机物、氮和磷等，其浓度较高且主要以固体颗粒物的形式存在。因初期雨水瞬时流量大，其处理前宜加雨水调节池。

初期雨水处理后出水可回用于家庭清洁、浇灌绿地和农田灌溉等。

## 1.2 村庄污水处理技术和模式

### 1.2.1 村庄污水处理技术

村庄污水处理技术按原理可以分为物化处理技术、生物处理技术和生态处理技术。

1) 物化处理技术

物化处理技术包括物理处理技术和化学处理技术。物理处理技术是指利用物理作用分离污水中呈悬浮状态的固体污染物质；化学处理技术是指利用化学反应的作用处理污水中处于各种形态的污染物质。物化处理技术的特点是处理效果好、运行稳定、受温度等外部环境影响小等。适合村庄污水处理的物化技术有沉淀、过滤、混凝、吸附和消毒技术等，上述物化处理技术将在本书第 4 章详细介绍。

2) 生物处理技术

生物处理技术是指利用微生物的代谢作用，使污水中呈溶解态或胶体态的有机污染物转化为稳定的无害物质。生物处理技术的特点是维护成本低、操作简便、应用范围广等。适合村庄污水处理的生物技术有化粪池、沼气池、氧化沟、生物接触氧化池、生物滤池等，上述生物处理技术将在本书中第 5 章详细介绍。

3) 生态处理技术

生态处理技术是指利用土壤等介质过滤、植物吸收和微生物分解的原理，去除污水中有机物、氮和磷等营养物质。生态处理技术的特点是投资省、维护成本低、能耗少、美化环境等。适合村庄污水处理的生态技术有生态滤池、人工湿地、稳定塘、土地渗滤、亚表层渗滤等，上述生态处理技术将在本书中第 6 章详细介绍。

## 1.2.2 村庄污水处理模式

村庄污水处理模式在本书中按以下原则进行选择：

首先根据处理规模将村庄污水处理划分为单户规模、多户规模和村庄规模，然后根据当地的水环境要求和技术经济条件选择适合的处理技术。村庄污水处理组合技术将在本书中第 7 章详细介绍。

# 2 村庄污水特征与排放标准

## 2.1 村庄污水特征调查案例

**案例 1：南方河网地区农村污水特征调查**
**地点**：浙江省嘉兴河网地区
**概况：**

该地区经济较发达，村民的生活水平较高。在该地区调查了 2 个行政村，所辖区内水网密布，河浜、河湾众多。2 个行政村的人口分别为 2245 人和 2395 人，劳动力人口约占总人口的 60%。村民住宅大多沿河浜分布，房屋基本是独门独户式的二层楼房，都有自家的庭院（水泥地），大部分庭院面积在 100～200$m^2$ 之间。

**排水系统：**

房屋外壁都有排雨管道，有的通向庭院内水泥地面，有的流入化粪池，庭院内没有排水管道和明沟。村内缺乏统一完备的排水系统，均为各家自行排水，污水或雨水主要由路边的明渠排水沟外排，就近汇入河浜里。

**用水和污水特征：**

农户用水来源多样化，并且用水量差异很大。这主要受以下因素的影响：生产方式（非养殖户、养殖户、养殖大户、小饭店经营户）、家庭生活水平（有/无洗衣机、冲水马桶/旱厕）、家庭成员年龄结构、家庭成员卫生习惯和季节变化等。村民大多以自来水作为饮用水和厨房用水，而洗衣、冲厕、畜禽养殖等用水则用井水。根据入户调查和现场监测结果，人均日用水量在 100～200L/p·d 左右，接近城市居民日用水量；一户典型的人口为 5 人的农户其厨房日用水量在 80～130L/d 之间。

该地区生猪养殖业发达，厨房污水用于喂猪或喂养鸡鸭等家禽。洗衣污水的排放量较少，排放的方式基本为随意泼洒。农户生活污水大部分来自冲厕和洗浴，基本每户都有淋浴设备，因此洗澡用水的排放量很大，占总水量的 60% 以上；而且当地水冲厕所普及，冲厕污水排放量比采用旱厕的农村地区高出许多。该地区多采用两格式化粪池处理污水，但化粪池的构造十分简陋，渗漏现象较为严重。

表 2-1 为实际监测的两个行政村农户生活污水水质的平均结果。从中可以看出不同类别的污水其水质指标差异很大，总磷的浓度较高。表 2-2 是畜禽养殖污水水质的监测结果。据现场调查，一般猪圈舍的墙角有排污孔，与圈舍外的排污明沟相通，猪尿、圈舍冲洗污水连同粪便一起排到圈舍外的排污明沟。

**浙江嘉兴农户生活污水水质调查结果** 表 2-1

| | 类 别 | COD (mg/L) | SS (mg/L) | $NH_3$-N (mg/L) | TP (mg/L) | TN (mg/L) |
|---|---|---|---|---|---|---|
| 村落 1 | 农户 1 厨房污水 | 10880 | 2304 | 18.47 | 54.09 | 63.93 |
| | 农户 1 化粪池污水 | 2370 | 356 | 475 | 32.36 | — |
| | 农户 2 厨房污水 1 | 3440 | 368 | 6.10 | 6.49 | 26.78 |
| | 农户 2 厨房污水 2 | 9370 | 1490 | 51.16 | 50.77 | 169 |
| 村落 2 | 农户 3 生活污水 1 | 150 | 102 | 5.80 | 2.74 | 7.43 |
| | 农户 3 生活污水 2 | 168 | 132 | 3.26 | 1.31 | 4.68 |

**浙江嘉兴畜禽养殖场的污水水质分析** 表 2-2

| 类 别 | COD (mg/L) | SS (mg/L) | $NH_3$-N (mg/L) | TP (mg/L) | TN (mg/L) |
|---|---|---|---|---|---|
| 养猪场 1 | 1409 | 667 | 245.22 | 23.39 | 249.27 |
| 养猪场 2 | 2130 | 388 | 58.14 | 36.48 | 80.71 |
| 养猪场 3 | 5750 | 750 | | 94.45 | — |
| 养鸭池塘水 | 1130 | 380 | — | 4.98 | 22.35 |

**案例2：水源地保护区农村污水特征调查**

**地点**：北京密云水库水源地保护区

**概况**：

调查区域为北京某水库水源地保护区上游的一个小流域，在2个行政村开展了具体调查。2个行政村的人口分别为2000人和1100人。由于地处水源地保护区，该地区的经济收入除农业和林业外，主要是利用当地旅游资源开展旅游服务，其中1个行政村的旅游收入占全村年经济收入的70%～80%。区域内建有多处农家乐、宾馆、饭店等。

**排水系统**：

调查的区域内没有工业，民俗旅游饭店较多，主要集中在沿河和景区。部分村落沿河分布，村内基础设施缺乏，污水排放主要通过路边明沟。

**用水和污水特征**：

根据入户调查和监测结果，本地居民的厨房日用水量很少，2～6人1户的厨房日用水量为25～75L/d。由于气候、经济条件以及卫生习惯的差异，该地区农村洗澡用水量远小于南方河网地区的用水量。在夏季，洗澡日用水量约为25L/p·d；而冬季，居民集中到浴室洗澡。在厕所用水方面，由于多为旱厕，所以用水量也远小于南方河网地区。农户生活污水水质如表2-3所示。

北京密云农户生活污水水质调查结果　　表2-3

| 种类 | pH | SS (g/L) | COD (mg/L) | BOD$_5$ (mg/L) | TN (mg/L) | NH$_3$-N (mg/L) | NO$_3^-$-N (mg/L) | TP (mg/L) | PO$_4^{3+}$-P (mg/L) |
|---|---|---|---|---|---|---|---|---|---|
| 厨房 | 6.9～8.0 | 0.6～6.6 | 950～5346 | 520～3300 | 13～82 | 3～30 | 3～15 | 1.6～18 | 0.2～7.3 |
| 洗衣 | 7.7～9.3 | 1.1～3.1 | 1400～3700 | 920～2300 | 37～119 | 8～43 | — | 3.7～9.7 | 0.8～4.2 |

调查区域内的农家乐、宾馆、饭店等排污量较大，是当地主要污染源之一。当地旅馆、度假村的共同特点是：1) 季节性明显，经营时间是每年的4月15日～10月15日，7月末至10月初近3个月为旅游旺季；2) 度假村依河而建；3) 以接待团队旅游为

主;4)客流波动很大,周末为旅游高峰期,即周五和周六是明显的客流高峰期。客流的高度集中带来短时间内高负荷的污染物排放(表2-4)。

北京密云度假村污水水质监测结果　　　　表2-4

| 采样点 | pH | $COD_{Mn}$ (mg/L) | $NH_3$-N (mg/L) | TN (mg/L) | TP (mg/L) |
| --- | --- | --- | --- | --- | --- |
| 排污口出水 | 6.28 | 709 | 43 | 55 | 5.14 |

**案例3:高原湖泊旅游风景区农村污水特征调查**
**地点**:云南泸沽湖旅游区
**概况**:

泸沽湖是典型的高原构造型湖泊,其汇水面积与湖泊面积之比比较小,湖滨带狭窄,农业区与村落区非常靠近湖边。目前泸沽湖的水质总体保持在Ⅰ类,入湖河流水质随季节而波动。受调查区属于少数民族聚居区。泸沽湖流域总人口为13233人,其中属于云南省的人口为2936人。近年来,旅游业蓬勃发展,游客量迅速增加:1992年接待游客3.6万人次,2003年为25万人次,2007年高达50万人次。旅游业的发展给该地区带来经济效益的同时,也引发了相关的水污染问题。

**排水系统**:

原村落的污水大多通过明沟自然径流排放。随着游客数量的日益增加,污水的排放量明显上升,为了控制水污染,目前一些村落已由当地政府投资建设了污水收集与排放管道,以及污水处理设施。

**用水和污水特征**:

在该区的一个村落对4户不同类型(分别用AH、BH、CH、DH代表)的家庭展开了村民用水量的详细调查。AH户目前没有建造任何旅游设施,不接待游客,较为完整的保存了当地人的生活方式,该户的用水和排水可以反映当地农民的用水和污水特征;BH户经营具有普通间的旅馆和饭店,可以反映在普通旅馆和饭店住宿或就餐的游客的用水和污水特征;CH户经营具有标准间的旅馆，可以反映在标准间的游客的用水和污水特征；DH 户经营饭店。

调查结果表明，AH 户的人均日用水量范围在 6.25～203.75L/p·d 之间，用水量日变化系数大，人均日用水量平均为 85L/p·d；BH 户不具备单独的淋浴设施，根据普通间入住人数、餐厅的客流量、自来水使用量等数据，计算出普通旅馆游客的人均日用水量大约在 80～100L/p·d 之间；CH 户具有淋浴设施，人均日用水量在 140～356L/p·d 之间，平均为 193L/p·d，远高于 AH 户和 BH 户的人均日用水量，表明游客的洗浴用水占总用水量的比例较大。DH 户主要是餐饮用水，人均每餐用水量为 95L/p·次，在该村落用水中也占有较大的比例。因此，游客的餐饮污水也是该旅游区生活污水的重要组成部分。根据调查结果，游客的用水量高于本地居民的用水量(图 2-1)。调查结果表明，该地区主要污染物来源于村落排放的污水和被污染的雨水，其中村落污水主要由游客产生。因此，当地生活污水的排放量受游客人数变化影响很大。根据对不同季节游客人数的统计，7 月和 8 月的最高日游客量接近 1000 人/日，而当地农村居民只有 150 人，最大日生活污水排放量可达 290m³/日；而在每年 1 月、2 月、3 月和 12 月，游客较少，生活污水日排放量不足 100m³/d。图 2-1 为当地居民(AH 户)与游客(CH 户)人均日用水量的对比图。表 2-5 为受调查村落的污水水质检测结果。

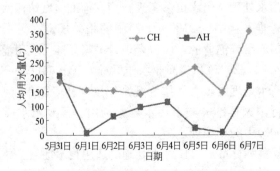

图 2-1 当地居民与游客人均日用水量的对比图

云南泸沽湖村落污水部分水质指标　　　表 2-5

| 指标 | pH | COD (mg/L) | $NH_3$-N (mg/L) | TP (mg/L) |
|---|---|---|---|---|
| 数值 | 7.1~7.3 | 162~242 | 28~68 | 3.9~4.9 |

## 2.2 村庄污水相关的排放标准

2008 年 3 月 31 日发布，并于 2008 年 8 月 1 日开始实施的中华人民共和国国家标准《村庄整治技术规范》（GB 50445—2008），对村庄的排水设施、粪便处理、垃圾收集与处理、坑塘河道和公共环境等做了具体的规定。但目前还没有直接针对村庄污水的排放标准。村庄污水排放可参照的相关标准主要有：

《污水综合排放标准》（GB 8978—1996）；
《城镇污水处理厂污染物排放标准》（GB 18918—2002）；
《畜禽养殖业污染物排放标准》（GB 18596—2001）；
《畜禽养殖业污染防治技术规范》（HJ/T 81—2001）；
《农田灌溉水质标准》（GB 5084—2005）；
《渔业水质标准》（GB 11607—89）；
《城市污水再生利用　景观水水质》（GB/T 18921—2002）；
《地表水环境质量标准》（GB 3838—2002）；
《地下水质量标准》（GB/T 14848—93）。

农村污水处理站出水可参考现行国家标准《城镇污水处理厂污染物排放标准》（GB 18918—2002）中的相关规定；污水处理站出水用于农田灌溉或渔业的，应符合现行国家标准《农田灌溉水质标准》（GB 5084—2005）和《渔业水质标准》（GB 11607—89）中的相关规定；污水处理站出水回用为观赏性景观环境用水（河道类）的，应符合现行国家标准《城市污水再生利用　景观水水质》（GB/T 18921—2002）中的相关规定。

以上规范和标准对村庄污水处理的适用技术提出了相关要求或参考标准，其对几种主要污染物排放指标的具体要求如表 2-6 所示。

## 表 2-6 村庄污水排放执行的相关参照标准（mg/L）

| 序号 | 污染物指标 | 污水综合排放标准 一级标准 | 污水综合排放标准 二级标准 | 城镇污水处理厂污染物排放标准 一级标准 A | 城镇污水处理厂污染物排放标准 一级标准 B | 城镇污水处理厂污染物排放标准 二级标准 | 畜禽养殖业污染物排放标准 | 农田灌溉水质标准 水作 | 农田灌溉水质标准 旱作 | 农田灌溉水质标准 蔬菜 | 渔业水质标准 | 景观环境用水标准 |
|---|---|---|---|---|---|---|---|---|---|---|---|---|
| 1 | pH | 6~9 | 6~9 | 6~9 | 6~9 | 6~9 | — | 5.5~8.5 | 5.5~8.5 | 5.5~8.5 | 淡水 6.5~8.5（海水 7.0~8.5） | 6~9 |
| 2 | 悬浮物(SS) | 70 | 150 | 10 | 20 | 30 | 200 | 150 | 200 | 100 | 10 | 20 |
| 3 | BOD$_5$ | 20 | 30 | 10 | 20 | 30 | 150 | 80 | 150 | 80 | 5 | 10 |
| 4 | COD | 100 | 150 | 50 | 60 | 100 | 400 | 200 | 300 | 150 | — | — |
| 5 | NH$_3$-N | 15 | 25 | 5(8) | 8(15) | 25(30) | 80 | — | — | — | 5 | 5 |
| 6 | 凯氏氮 | — | — | — | — | — | — | 12 | 30 | 30 | 0.05 | — |
| 7 | TN | — | — | 15 | 20 | — | — | — | — | — | — | 15 |
| 8 | 磷酸盐(以P计) | 0.5 | 1.0 | 0.5 | 1 | 3 | 8 | 5.0 | 10 | 10 | 0.001 | 1.0 |
| 9 | TP(以P计) | — | — | 10$^3$ | 10$^4$ | 10$^4$ | — | — | — | — | — | — |
| 10 | 粪大肠菌群数 | 100 个/L（500 个/L） | 500 个/L（1000 个/L） | 10$^3$ | 10$^4$ | 10$^4$ | 1000 个/100ml | 10000 个/L | 10000 个/L | — | — | 10000 个/L |

注：粪大肠菌群数一行中括号外指传染病、结核病医院污水，括号内指医院；农田灌溉水质标准一列中数值分别为用作水作/旱作/蔬菜时的标准；城镇污水处理厂污染物排放标准一列中，括号外数值为水温>12℃时的控制指标，括号内为水温≤12℃时的控制指标。

## 2.3 村庄污水水质检测

鉴于污水检测的复杂性，本书对检测分析方法与步骤不予详细列出，具体可参见《水和废水监测分析方法》(第四版)等书籍。除水温、臭、透明度、浊度、电导率、pH、ORP(氧化还原电位)和DO(溶解氧)等指标可采用简易办法现场测定外，其他水质指标的检测建议采样后运送至当地相关监测站进行分析。

### 2.3.1 水样的采集与保存

采样时，当水深大于1m，应在表层1/4深度处采样；水深小于或等于1m，在水深1/2处采样。采样注意事项有：

① 用样品容器直接采样时，必须用水样冲洗容器三次后再采样，但当水面有浮油时，采油的容器不能冲洗。

② 采样时应去除水面漂浮的杂物和垃圾等物体。

③ 采样水量要充满整个采样容器。

④ 采样容器上要贴上采样标签，注明样品编号、采样地点、采样日期和时间、采样人姓名等。如有必要，还需认真填写"污水采样记录表"，表中应有以下内容：污染源名称、监测目的、监测项目、采样点位、采样日期和时间、样品编号、污水性质、污水流量、采样人姓名及其他有关事项等。具体格式可根据相关环境监测站的要求制定。

水样采集后，应尽快送往环境监测站分析，因样品放置久了，会受物理、化学和生物等因素的影响，某些组分的浓度可能会发生变化。

水样的保存可采取冷藏或冷冻，既将样品在4℃冷藏或将水样迅速冷冻，贮存于暗处。水样的保存还可以根据具体测定项目的要求采取加入化学保存剂的方法。

### 2.3.2 现场简易检测指标与方法

水温：将水温计插入一定深度的水中，放置5min后，迅速提出水面并读数。当气温与水温相差较大时，尤其要注意立即读数，避免受气温的影响。

臭：量取 100mL 水样置于 250mL 锥形瓶内，用温水或冷水在瓶外调节水温至 20℃左右，振荡瓶内水样，从瓶口闻其气味，用以下六个等级臭强度进行描述，如表 2-7 所示。

**臭强度等级** 表 2-7

| 等级 | 强度 | 说　明 |
|---|---|---|
| 0 | 无 | 无任何气味 |
| 1 | 微弱 | 一般人难于察觉，嗅觉敏感者可以察觉 |
| 2 | 弱 | 一般人刚能察觉 |
| 3 | 明显 | 已能明显察觉，需加以处理 |
| 4 | 强 | 有很明显的臭味 |
| 5 | 很强 | 有强烈的恶臭 |

透明度：将振荡均匀的水样立即倒入透明度计筒内至 30cm 处，从筒口垂直向下观察，如不能清楚地看见印刷符号，缓慢地放出水样，直到刚好能辨认出符号为止，记录此时水柱高度。

浊度、电导率、pH、ORP、DO 的测定可采用相应的便携式仪器现场测定，具体测定步骤可见仪器说明书，pH 的粗略测定还可以用 pH 试纸。

# 3 村庄排水系统

## 3.1 概 述

### 3.1.1 村庄排水现状与特点

村庄排水工程是村庄基础设施的重要组成部分,它包括农村污水、雨水排水系统、污水处理系统和污水循环再利用系统。村庄排水问题应首先解决卫生问题,其次是与城乡发展相关的环境问题,这两个问题需要协同来考虑。有关机构曾经对全国农村的污染负荷进行调查,结果显示,农村的污染负荷占全国的20%~60%之间,平均为40%左右。从关系农村卫生的生活污水这一单独环节来看,如果卫生系统采用旱厕,污染负荷不会超过2%~3%。但从目前农村卫生厕所的普及率和发展速度看,改善卫生系统之后增加的污染也成为下一步的工作重点。村庄排水工程有如下特点:

① 村庄排水系统应按照当地的实际情况,因地制宜。

② 由于农村居住点分散,村镇企业的布置分散,所以村庄排水规模小且分散,排水系统要与处理方式(集中或分散)相适应。

③ 在同一居住点上,大多数居民都从事同一生产活动,生活规律也较一致,所以排水时间相对集中,污水量变化较大。

村庄排水工程建设应以批准的村镇规划为主要依据,从全局出发,根据规划年限、工程规模、经济效益和环境效益,正确处理近期与远期、集中与分散、排放与利用的关系,充分利用现有条件和设施,因地制宜地选择投资较少、管理简单、运行费用较低的排水技术,做到保护环境,节约土地,经济合理,安全可靠。

## 3.1.2 村庄排水设施建设的指导原则

在距离城市很近的村落，可以考虑城乡统筹，即由城市管网辐射向农村，将污水收集，并入城市管网。

在城市供水水源保护区，污水的控制可以采用集中收集与处理的方式，实施严格的污水处理排放标准。

对于分散的农村，排水系统的选择需要区分对待，根据不同的处理方式建设相应的排水设施。

农村污水处理采取以下原则：

① 尽可能地源头分离、循环利用、全过程控制；
② 集中与分散处理相结合，以分散处理为主，尽量采用可持续、生态型的处理系统；
③ 综合考虑面源污染控制，并与农业生产紧密结合；
④ 雨水采用分散源头削减和净化。

## 3.1.3 村庄排水体制的确定

村庄排水体制可分为分流制和合流制两种。村庄排水体制原则上宜选分流制；经济发展一般地区和欠发达地区村庄近期或远期可采用不完全分流制，有条件时宜过渡到完全分流制；其中条件适宜或特殊地区农村宜采用截流式合流制，并应在污水排入系统前采用化粪池、生活污水净化沼气池等方法进行预处理。

1) 分流制

用管道分别收集雨水和污水，各自单独成为一个系统。污水管道系统专门收集和输送生活污水和生产污水（畜禽污水），雨水管渠系统专门收集和输送不经处理的雨水，如图3-1所示。

2) 合流制

只埋设单一的管道系统来收集和输送生活污水、生产污水和雨水，如图3-2所示。

一般农村，宜采用分流制，用管道排除污水，用明渠排除雨水。这样可分别处理，分期建设，又比较经济适用。

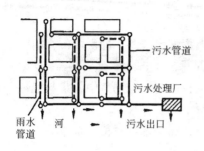
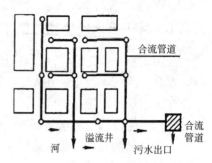

图 3-1　分流制排水系统示意图　　　图 3-2　合流制排水系统示意图

## 3.2　庭院排水

### 排水-1　庭院排水设施

本节将按照雨水和污废水分流制来论述农村庭院及村落排水设施。

由于我国幅员辽阔，南北差异较大，人们的生活习惯、风俗文化也不尽相同，因此庭院布局也多种多样、各具特色。图 3-3 和图 3-4 是典型的中国北方的庭院建筑。

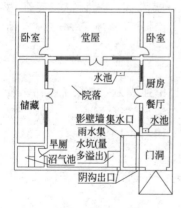
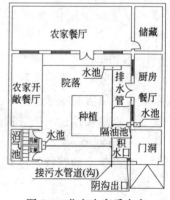

图 3-3　北方普通农家　　　　　图 3-4　北方农家乐农家

庭院污水排水系统分为污水排水系统和雨水排水系统两大类。

## 3.2.1 生活污水排水设施

生活污水排放设施材料包括卫生器具、排水管道、清通和通气设备。

1) 卫生器具

盥洗用卫生器具，包括：①洗脸盆，一般用于洗脸、洗手和洗头，设置在卫生间、盥洗室、浴室等；②盥洗池，作用同洗脸盆，可根据现场情况制作。典型的盥洗盆如图3-5所示。

沐浴用卫生器具，包括：①浴盆，供人们清洗身体用的洗浴卫生器具，多为搪瓷制品，也有陶瓷、玻璃钢、人造大理石、有机玻璃、塑料等制品；②淋浴器，由莲蓬头、出水管和控制阀等组成，喷洒水流供人们沐浴的卫生器具。

洗涤用卫生器具，主要包括洗涤盆(池)：装设在厨房内，用来洗涤碗碟、蔬菜的洗涤用卫生器具。多为陶瓷、搪瓷、不锈钢和玻璃钢制品，有单格、双格和三格之分。可参考国家的给水排水标准图集。

便溺用卫生器具，包括：①水冲厕所，如大便器，包括坐式和蹲式两种，是排除粪便的便溺用卫生器具；②旱厕，可在上面加盖，人工接水冲洗，接化粪池或沼气池，如图3-6所示。

图3-5 典型的盥洗盆实例

图3-6 旱厕实例

2) 排水管道

包括器具排水管(含存水弯)、排水立管、排水横管、出户管及室外连接管。应采用建筑排水塑料管及管件或柔性接口机制排水铸铁管及相应管件。

排水铸铁管：有刚性接口和柔性接口两种，建筑内部应采用柔性接口机制排水铸铁管。

排水塑料管：目前建筑内广泛使用的是硬聚氯乙烯塑料管。

管道配件：①存水弯，是在卫生器具排水管上或卫生器具内部设置的有一定高度的水柱，防止排水管道内的气体窜入室内的附件，有P形、S形、U形三种。②地漏，是一种内有水封，用来排放地面水的特殊排水装置，设置在经常有水溅落的卫生器具附近地面、地面有水需要排除的场所或地面需要清洗的场所。

附属构筑物

附属构筑物如沼气池、化粪池等。

### 3.2.2　生产污水排水设施

以一定的坡度坡向粪便收集槽的养殖圈、棚的地面。

以一定的坡度坡向粪便收集坑的粪便收集槽。

根据粪便数量和清除周期计算得到的具备相应体积的圈棚粪便收集坑。如果后接沼气池，需建可容纳畜禽粪便污水、冲洗便器、厨房洗涤的生活污水的沼气池。

### 3.2.3　雨水排水设施

1）屋面排水

按照屋面的排水条件分为无沟排水、檐沟排水和天沟排水。

无沟排水：降落到屋面的雨水沿屋面径流，在屋檐下地面设置汇集屋面雨水的沟渠，直接流入雨水管道进入雨水水窖(池)。

檐沟排水：当屋面面积较小时，在屋檐下设置汇集屋面雨水的沟槽，雨水收集后经雨水立管落入地面雨水沟渠，流入雨水管道进入雨水水窖(池)。排水设施有檐沟、雨水斗、承雨斗、立管等，如图3-7所示。

图3-7　沟檐排水实例

天沟排水：在面积大或曲折的建筑物屋面设置汇集屋面雨水的沟槽，将雨水排至建筑物四周，排水设施由天沟、雨水斗、排水立管等组成。天沟排水包括内排和外排两种形式，因村落民居屋面较小，这种形式用的较少。

管材及附属构筑物，包括：①管材，外排水立管广泛使用的是硬聚氯乙烯塑料管（UPVC），埋地雨水管一般采用混凝土管、钢筋混凝土管或陶土管，最小管径200mm；②附属构筑物用于埋地雨水管道的检修、清扫，主要有检查井等。

2）地面排水

在院落地势较低处设置雨水口，上置雨水篦子，收集地面雨水后经雨水管（渠）输送到村庄雨水收集管（渠）。如图3-8和图3-9。

图3-8 雨水口

图3-9 排水沟

## 3.3 村落排水

### 排水-2 村落排水设施

#### 3.3.1 村落排水形式

**1. 村落排水管渠布置**

村落排水管渠的布置，根据村落的格局、地形情况等因素，可采用贯穿式、低边式或截留式。雨水应充分利用地面径流和沟渠排除，污水通过管道或暗渠排放；雨、污水均应尽量考虑自流排水。

村落排水系统如图3-10所示。

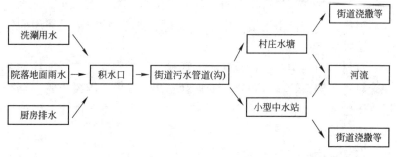

图 3-10　村落污水排放系统图

1) 村庄排水管渠设计

① 有条件的村庄可采用管道收集、排放生活污水。

② 排污管道管材可根据地方实际选择混凝土、陶土管、塑料管等多种材料。

③ 污水管道依据地形坡度铺设，坡度不应小于 0.3%，以满足污水重力自流的要求。污水管道应埋深在冻土层以下，并与建筑外墙、树木中心间隔 1.5m 以上。

④ 污水管道铺设应尽量避免穿越场地，避免与沟渠铁路等障碍物交叉，并应设置检查井。

⑤ 污水量以村庄生活总用水量的 70% 计算，根据人口数和污水总量，估算所需管径，最小管径不小于 150mm。

村庄排水管渠最大允许充满度应满足表 3-1 要求。

排水管渠最大允许设计充满度　　　　表 3-1

| 管径或渠高(mm) | 最大设计充满度 | 管径或渠高(mm) | 最大设计充满度 |
| --- | --- | --- | --- |
| 200～300 | 0.55 | 500～900 | 0.70 |
| 350～450 | 0.65 | ≥1000 | 0.75 |

村庄排水管渠设计流速：

污水管道最小设计流速：当管径不大于 500mm 时，为 0.9m/s；当管径大于 500mm 时，为 0.8m/s；明渠为 0.4m/s。

污水管道最大允许流速：当采用金属管道时，最大允许流速为

10m/s；非金属管为 5m/s；明渠最大允许流速可按表 3-2 选用。

明渠最大允许流速　　　　　表 3-2

| 明渠类别 | 最大设计流速(m/s) | 明渠类别 | 最大设计流速(m/s) |
|---|---|---|---|
| 粗砂或低塑性粉质黏土 | 0.8 | 干砌块石 | 2.0 |
| 粉质黏土 | 1.0 | 浆砌块石或浆砌砖 | 3.0 |
| 黏土 | 1.2 | 石灰岩和中砂岩 | 4.0 |
| 草皮护面 | 1.6 | 混凝土 | 4.0 |

当水流深度在 0.4m～1.0m 范围以外时，表列最大设计流速宜乘以下列系数：水深 $h<0.4m$ 时，取 0.85；$1.0<h<2.0m$ 时，取 1.25；$h\geqslant 2.0m$ 时，取 1.40。

村庄排水管渠的最小尺寸：

建筑物出户管直径为 125mm，街坊内和单位大院内为 150mm，街道下为 200mm。

排水渠道水量小时底宽不得小于 0.3m。

村庄排水管渠的最小坡度：当充满度为 0.5 时，排水管道应满足表 3-3 规定的最小坡度。

不同管径的最小坡度表　　　　　表 3-3

| 直径(mm) | 最小坡度 | 直径(mm) | 最小坡度 |
|---|---|---|---|
| 125 | 0.010 | 400 | 0.0025 |
| 150 | 0.002 | 500 | 0.002 |
| 200 | 0.004 | 600 | 0.0016 |
| 250 | 0.0035 | 700 | 0.0015 |
| 300 | 0.003 | 800 | 0.0012 |

村庄雨水排放可根据村落的地形等实际情况采用明沟和暗渠方式。排水沟渠应充分结合地形以便雨水及时就近排入池塘、河流或湖泊等水体。

排水沟的纵坡应不小于 0.3%，排水沟渠的宽度及深度应根据各地降雨量确定，宽度不宜小于 1500mm，深度不小于 120mm。排水沟的断面形式如图 3-11 所示。

排水沟渠砌筑可根据各地实际选用混凝土或砖石、鹅卵石、条石等地方材料。

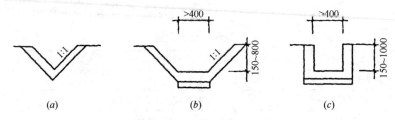

图 3-11　排水沟渠断面形式
(a) 三角沟；(b) 梯形沟；(c) 矩形沟

应加强排水沟渠日常清理维护，防止生活垃圾、淤泥淤积堵塞，保证排水通畅，可结合排水沟渠砌筑形式进行沿沟绿化。

南方多雨地区房屋四周宜设排水沟渠；北方地区房屋外墙外地面应设置散水，宽度不宜小于 0.5m，外墙勒脚高度不低于 0.45m，一般采用石材、水泥等材料砌筑；新疆等特殊干旱地区房屋四周可用黏土夯实排水。

2）村庄排水沟渠布置的原则

应布置在排水区域内，地势较低，便于雨、污水汇集地带。

宜沿规划道路敷设，并与道路中心线平行。

在道路下的埋设位置应符合《城市工程管线综合规划规范》(GB 50289—1998) 的规定。

穿越河流、铁路、高速公路、地下建（构）筑物或其他障碍物时，应选择经济合理路线。

截留式合流制的截留干管宜沿受纳水体岸边布置。

排水管渠的布置要顺直，水流不要绕弯。

排水沟断面尺寸的确定主要是依据排水量的大小以及维修方便、堵塞物易清理的原则而定。通常情况下，户用排水明沟深宽 20cm×30cm，暗沟为 30cm×30cm；分支明沟深宽为 40cm×50cm，暗沟为 50cm×50cm；主沟、明沟和暗沟均需 50cm 以上。为保证检查维修清理堵塞物，每隔 30m 和在主支汇合处设置一个口径大于 50cm×50cm、深于沟底 30cm 以上的沉淀井或检查井。

排水沟坡度的确定以确保水能及时排尽为原则，平原地带排水沟坡度一般不小于1‰。

无条件的村庄要按规划挖出水沟；有条件的要逐步建设永久沟，材料可以用砖砌筑、水泥砂浆抹面，也可以用毛石砌筑、水泥砂浆抹面。沟底垫不少于5cm厚的混凝土。条件优越的地方可用预制混凝土管或现浇混凝土。

3）检查井

在排水管渠上必须设置检查井，检查井在直线管渠上的最大间距应按表3-4确定。

检查井直线最大距离　　　　　　　　　　表3-4

| 管渠类别 | 管径或暗渠净高(mm) | 最大间距(m) |
| --- | --- | --- |
| 污水管道 | <700 | 50 |
|  | 700～1500 | 75 |
|  | >1500 | 120 |
| 雨水管渠和合流管渠 | <700 | 75 |
|  | 700～1500 | 125 |
|  | >1500 | 200 |

**2. 村庄排水受纳水体**

村庄排水受纳水体应包括江、河、湖、海和水库、运河等受纳水体和荒废地、劣质地、山地以及受纳农业灌溉用水的农田等受纳土地。

污水受纳水体应满足其水域功能的环境保护要求，有足够的环境容量；雨水受纳水体应具有足够的排泄能力或容量；受纳土地应具有足够的环境容量，符合环境保护和农业生产的要求。

### 3.3.2　村落排水设施材料

**1. 对排水管渠材料的要求**

排水管渠必须具有足够的强度，以承受土壤压力及车辆行驶造成外部荷载和内部压力以及在运输和施工过程中不致损坏。

排水管渠应有较好的抗渗性能。必须不透水，以防污水渗出和地下水渗入而破坏附近建筑物的基础，污染地下水及影响排水能力。

排水管渠应具有较好的抗冲刷、抗磨损及抗腐蚀能力，以使管渠经久耐用。

排水管渠应具有良好的水力条件，管内壁要光滑，以减少水流阻力，减少磨损，还应考虑就地取材，以降低施工费用等。

管渠材料的选择，应根据污水的性质、管道承受的内外压力、埋设地点的土质条件等因素确定。

常用排水管渠材料有：混凝土、钢筋混凝土、石棉水泥、陶土、铸铁、塑料等。一般压力管道采用金属管或钢筋混凝土管；在施工条件较差或地震地区，重力流管道常采用陶土管、石棉水泥管、混凝土管及钢筋混凝土管、塑料管等。

**2. 常用排水管**

1) 混凝土管及钢筋混凝土管

混凝土管及钢筋混凝土管制作方便，造价较低，耗费钢材少，所以在室外排水中应用广泛。其主要缺点是：易被含酸、碱废水侵蚀；重量较大，因而搬运不便；管节长度短，接口较多等。

混凝土管和钢筋混凝土管的构造形式有承插式、企口式、平口式3种，如图3-12所示。管道接口作法见《给排水标准图集》S222。混凝土管的直径一般不超过500mm，当直径较大时，为了增加管子强度，加钢筋制成钢筋混凝土管。

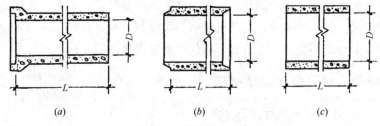

图 3-12 管子接口形式
(a)承插式；(b)企口式；(c)平口式

钢筋混凝土管按照荷载要求，又分为轻型钢筋混凝土管和重型钢筋混凝土管。其部分管道规格见表3-5和表3-6。

混凝土排水管规格 表3-5

| 公称内径(mm) | 最小管长(mm) | 管最小壁厚(mm) | 外压试验(N/m²) 安全荷载 | 外压试验(N/m²) 破坏荷载 |
|---|---|---|---|---|
| 200 | 1000 | 27 | 9810 | 11772 |
| 250 | 1000 | 33 | 11772 | 14715 |
| 300 | 1000 | 40 | 14715 | 17568 |
| 350 | 1000 | 50 | 18639 | 21582 |
| 400 | 1000 | 60 | 22563 | 26487 |
| 450 | 1000 | 67 | 26487 | 31392 |

钢筋混凝土排水管规格 表3-6

| 公称内径(mm) | 最小管长(mm) | 最小壁厚(mm) | 套环 填缝宽度(mm) | 套环 最小壁厚(mm) | 套环 最小管长(mm) | 外压试验(N/m²) 安全荷载 | 外压试验(N/m²) 裂缝荷载 | 外压试验(N/m²) 破坏荷载 |
|---|---|---|---|---|---|---|---|---|
| 200 | 2000 | 27 | 15 | 27 | 150 | 11772 | 14715 | 19620 |
| 300 | 2000 | 30 | 15 | 30 | 150 | 10791 | 13734 | 17658 |
| 400 | 2000 | 35 | 15 | 35 | 150 | 10791 | 17658 | 23544 |
| 500 | 2000 | 42 | 15 | 42 | 200 | 11772 | 19620 | 2844 |
| 600 | 2000 | 50 | 15 | 50 | 200 | 14715 | 20601 | 3139 |
| 800 | 2000 | 65 | 15 | 65 | 200 | 7848 | 26487 | 43160 |
| 1000 | 2000 | 75 | 18 | 75 | 250 | 19620 | 32373 | 5787 |

2) 塑料排水管

管材有硬聚氯乙烯(PVC-U)、聚乙烯(PE)、聚丙烯(PP)和玻璃纤维增强塑料夹砂管(RPM)等。根据管壁结构型式有平壁管、加筋管、双壁波纹管、缠绕结构壁管及钢塑复合缠绕管等,分类见表3-7。

塑料排水管材类型 表3-7

| 管材类型 | 管壁结构 | 生产工艺 | 接口形式 | 管径范围(mm) |
|---|---|---|---|---|
| 硬聚氯乙烯(PVC-U)管材 | 双壁波纹管 | 挤出 | 承插式连接、橡胶圈密封 | $de160\sim1200$ |
| | 加筋管 | 挤出 | 承插式连接、橡胶圈密封 | $di150\sim500$ |
| | 平壁管 | 挤出 | 承插式连接、橡胶圈密封、粘结 | $de160\sim630$ |
| | 钢塑复合缠绕管 | 缠绕 | 内套管粘结 | $di200\sim1200$ |

续表

| 管材类型 | 管壁结构 | 生产工艺 | 接口形式 | 管径范围(mm) |
|---|---|---|---|---|
| 聚乙烯(PE)管材 | 双壁波纹管 | 挤出 | 承插式连接、橡胶圈密封<br>双承口连接、橡胶圈密封 | $de$160～1200<br>$di$150～1200 |
| | 缠绕结构壁管 | 缠绕 | 承插式连接、橡胶圈密封<br>双承口连接、橡胶圈密封<br>熔接(电熔、热熔、电焊)<br>卡箍、哈夫、法兰连接等 | $di$150～1200 |
| | 钢塑复合缠绕管 | 缠绕 | 焊接、内套焊接、热熔等 | $di$600～1200 |
| | 钢带增强螺旋波纹管 | 缠绕 | 焊接、内衬焊接、热熔等 | $di$800～1200 |

注：1. $de$ 指外径系列，$di$ 指内径系列。
2. 最大管径至1200mm，若工程选用大于1200mm的管材时，应按有关规范(程)另行设计。

硬聚氯乙烯(PVC-U)管材。硬聚氯乙烯管材弯曲强度高、弯曲模量大，具有较高的抵抗外部荷载的能力。硬聚氯乙烯管材采用挤出工艺成型时，由于受原材料加工性能的限制，其管径一般都在600mm范围内；采用螺旋缠绕工艺生产的钢塑复合缠绕管最大管径可达1200mm。

硬聚氯乙烯管材有平壁管、加筋管、双壁波纹管和钢塑复合缠绕管四种。

硬聚氯乙烯平壁管，如图 3-13 所示。具有较高的抗内压能力，由于管壁为实壁结构，同样等级的环刚度，其材料用量最高，常用于 $DN \leqslant 200$ 建筑小区排水工程。管材规格见表3-8、表3-9。

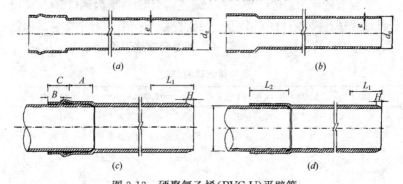

图 3-13 硬聚氯乙烯(PVC-U)平壁管
(a)密封圈接口管材；(b)胶粘剂接口管材；(c)橡胶圈接口；(d)胶粘剂接口

**PVC-U 平壁管管材外径和壁厚** 表 3-8

| 公称外径 $de$ | 公称壁厚 $e$ | |
|---|---|---|
| | 环刚度 $4kN/m^2$ | 环刚度 $8kN/m^2$ |
| 160 | 4.00 | 4.70 |
| 200 | 4.90 | 5.90 |
| 250 | 6.20 | 7.30 |
| 315 | 7.70 | 9.20 |
| 400 | 9.80 | 11.70 |
| 500 | 12.30 | 14.60 |
| 630 | 15.40 | 18.40 |

**橡胶圈接口承口和插口尺寸表** 表 3-9

| 公称外径 $de$ | 承 口 | | | | 插 口 | |
|---|---|---|---|---|---|---|
| | $d_{min}$ | $A_{min}$ | $B_{min}$ | $C_{min}$ | $L_{1min}$ | $H$ |
| 160 | 160.50 | 42 | 9 | 32 | 74 | 7 |
| 200 | 200.60 | 50 | 12 | 40 | 90 | 9 |
| 250 | 250.80 | 55 | 18 | 70 | 125 | 9 |
| 315 | 160.50 | 62 | 20 | 70 | 132 | 12 |
| 400 | 401.20 | 70 | 24 | 70 | 140 | 15 |
| 500 | 501.50 | 80 | 28 | 80 | 160 | 18 |
| 630 | 631.90 | 93 | 34 | 90 | 180 | 23 |

硬聚氯乙烯加筋管，如图 3-14 所示。为管外壁经环形肋加强

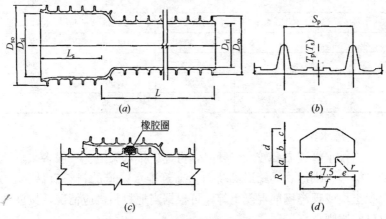

图 3-14 硬聚氯乙烯(PVC-U)加肋管
(a)加肋管；(b)管肋大样图；(c)管道接口图；(d)橡胶圈截面图

的异型结构壁管材，管材具有较好的抗冲击性能和抵抗外部荷载的能力，同样等级的环刚度，材料用量比平壁管要省。规格尺寸见表 3-10 和表 3-11。

PVC-U 加筋钢管规格尺寸　　　　　　　　　　　　　表 3-10

| 管道规格 | DN225 (mm) | DN300 (mm) | DN400 (mm) | DN500 (mm) |
|---|---|---|---|---|
| 管道内径 $D_{ri}$ | 224.00 | 300.20 | 402.10 | 492.10 |
| 管道外径 $D_{ro}$ | 250.00 | 335.00 | 450.00 | 549.70 |
| 管道壁厚 $T_p$ | 2.10 | 2.60 | 3.00 | 4.50 |
| 承口内径 $D_{si}$ | 251.70 | 337.10 | 453.00 | 552.50 |
| 承口外径 $D_{so}$ | 280.00 | 385.00 | 515.00 | 604.00 |
| 承口壁厚 $T_s$ | 1.70 | 2.00 | 2.60 | 4.00 |
| 承口深度 $L_s$ | 136～146 | 162～172 | 203～213 | 208 |
| 管肋间距 $S_d$ | 23 | 31 | 38 | 38 |
| 管道长度 $L$ | 3000 或 6000 | | | |

橡胶圈尺寸表　　　　　　　　　　　　　　　　　　表 3-11

| 管道规格 | DN225 | DN300 | DN400 | DN500 |
|---|---|---|---|---|
| $a$ | 3.20 | 5.00 | 6.80 | 8.60 |
| $b$ | 6.10 | 8.20 | 11.20 | 15.40 |
| $c$ | 4.00 | 5.30 | 7.25 | 7.33 |
| $d$ | 13.30 | 18.50 | 25.25 | 31.33 |
| $e$ | 7.10 | 9.35 | 12.60 | 12.25 |
| $f$ | 21.70 | 26.20 | 32.70 | 32.00 |
| $r$ | 1.00 | 1.20 | 1.50 | 1.75 |
| $R$ | 113.75 | 151.75 | 203.65 | 248.50 |

### 3. 排水渠

当排水管道需要较大口径时，可建造排水渠道。一般多采用矩形、梯形、拱形、马蹄形等断面。砌筑排水渠道的材料有砖、石、混凝土块或现浇钢筋混凝土等，可根据当地材料供应情况，按就地取材的原则选择。

材料的选择直接影响工程造价和使用年限，选择时应就地取材，并结合水质、地质、管道承受内外压力以及施工方法等方面因素来确定。

### 3.3.3 污水排放设施施工方法

**1. 一般规定**

管道工程的施工测量、降水、开槽、沟槽支撑和管道交叉处理、管道合槽施工等施工技术要求，应按现行国家标准《给水排水管道工程施工及验收规范》(GB 50268—2008)和有关规定执行。

管道应敷设在原状土地基或经开槽后处理回填密实的地基上。

管道穿越铁路、高速公路路堤时应设置钢筋混凝土、钢、铸铁等材料制作的保护套管。套管内径应大于排水管道外径 300mm。套管设计应按铁路、高速公路的有关规定执行。

管道应直线敷设。当遇到特殊情况需利用柔性接口转角进行折线敷设时，其允许偏转角度应由管材制造厂提供。

**2. 沟槽施工**

沟槽槽底净宽度可按管径大小、土质条件、埋设深度、施工工艺等确定。

开挖沟槽时，应严格控制基底高程，不得扰动基面。

开挖中，应保留基地设计标高以上 0.2~0.3m 的原状土，待铺管前用人工开挖至设计标高。如果局部超挖或发生扰动，应换填 10~15mm 天然级配砂或 5~40mm 的碎石，整平夯实。

沟槽开挖时应做好降水措施，防止槽底受水浸泡。

**3. 管道基础施工**

管道应采用土弧基础。

在管道设计土弧基础范围内的腋角部位，必须采用中粗砂回填密实。

管道基础中在承插式接口、机械连接等部位的凹槽，宜在铺设管道时随铺随挖。凹槽的长度、宽度和深度可按接口尺寸确定。接口完成后，应立即用中粗砂回填密实。

**4. 管道连接及安装**

下管前，必须按管材、管件产品标准逐节进行外观检查，不合格者严禁下管敷设。

下管方式应根据管径大小、沟槽形式和施工机具装备情况，确定用人工或机械将管材放入沟槽。下管时必须采用可靠的吊具，平稳下沟，不得与沟壁、槽底激烈碰撞，吊装时应有二个吊点，严禁穿心吊装。

承插式连接的承口应逆水流方向，插口应顺水流方向敷设。

接口的胶黏剂必须采用符合材质要求的溶剂型胶黏剂，该胶黏剂应由管材生产厂配套供应。

承插式密封圈连接、套筒连接、法兰连接等采用的密封件、套筒件、法兰、紧固件等配套件，必须有管材生产厂配套供应。

机械连接用的钢制套筒、法兰、螺栓等金属管件制品，应根据现场土质并参照相应的标准采取防腐措施。

雨期施工应采取防止管材上浮的措施。若管道安装完毕后发生管材上浮时，应进行管内底高程的复测和外观检查，如发生位移、漂浮、拔口等现象，应及时返工处理。

管道安装结束后，为防止管道因施工期间的温度变形使检查井连接部位出现裂缝渗水现象，需进行温度变形复核，并采取措施。

### 5. 管道与检查井的连接

管道与检查井的连接有刚性连接和柔性连接两种连接方式。

刚性连接。管道与检查井的刚性连接有四种做法，做法分别如图 3-15～图 3-18 所示。

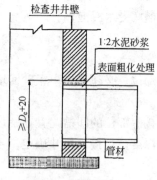

图 3-15 排水管道与检查井连接（一）

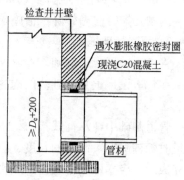

图 3-16 排水管道与检查井连接（二）

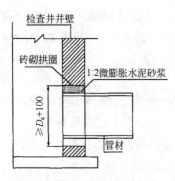

图 3-17 排水管道与
检查井连接(三)

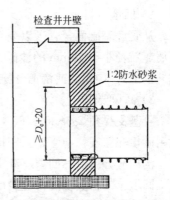

图 3-18 排水管道与
检查井连接(四)

柔性连接。管道与检查井的柔性连接如图 3-19 所示。

**6. 管沟回填**

1)一般规定

管道敷设后应立即进行沟槽回填。在密闭性检验前,除接头外露外,管道两侧和管顶以上的回填高度不宜小于 0.5m。

从管底基础至管顶 0.5m 范围内,沿管道、检查井两侧必须采用人工对称、分层回填压实,严

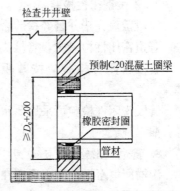

图 3-19 排水管道与检查井连接(五)

禁用机械推土回填。管两侧分层压实时,宜采取临时限位措施,防止管道上浮。

管顶 0.5m 以上沟槽采用机械回填时,应从管轴线两侧同时均匀进行,做到分层回填、夯实、碾压。

回填时沟槽内应无积水,不得回填淤泥、有机物和冻土,回填土中不得含有石块、砖及其他带有棱角的杂硬物体。

当沟槽采用钢板桩支护时,在回填达到规定高度后,方可拔桩。拔桩应间隔进行,随拔随灌砂,必要时也可采用边拔桩边注浆的措施。

2) 回填材料

从管底基础面至管顶以上0.5m范围内的沟槽回填材料可用碎石屑、粒径小于40mm的沙砾、高（中）钙粉煤灰（游离CaO含量在12%以上）、中粗砂或沟槽开挖出的良质土。

3) 回填要求

管基支撑角$2\alpha+30°(180°)$范围内的管底腋角部位必须用中砂或粗砂填充密实，与管壁紧密接触，不得用土或其他材料填充。

沟槽应分层对称回填、夯实，每层回填高度不宜大于0.2m。

回填土的密实度应符合设计要求。

在地下水位高的软土地基上，在地基不均匀的管段上，在高地下水位的管段和地下水流动区内应采用铺设土工布的措施。

**7. 管段密闭性检验**

管段敷设完毕并且经检验合格后，应进行密闭性检验。

管道密闭性检验时，管接头部位应外露观察。

管段密闭性检验应按井距分隔，长度不宜大于1km，带井试验。

管段密闭性检验可采用闭水试验法。检验时，经外观检查，不得有漏水现象。

**8. 管道变形检验**

沟槽回填至设计高程后，在12h至24h内应测量管道竖向直径的初始变形量，并计算管道竖向直径初始变形率，其值不得超过管道直径允许变形率的2/3。

管道的变形量可采用圆形心轴等方法进行检验，测量偏差不得大于1mm。

当管道竖向直径初始变形率大于管道直径允许变形率的2/3且管道本身尚未损坏时，可进行纠正，直到符合要求为止。

## 3.3.4　污水排放设施造价

由于我国幅员辽阔，各地气候环境、施工方法及施工材料都不尽相同，无法将造价进行统一的确定。农村庭院和村庄设施造价可采用如表3-12的估算方法。

## 村庄排水管线成本的估算方法
表 3-12

| 项　目 | 数量 | 单位成本 | 总成本 |
|---|---|---|---|
| 输水管材 | | | |
| 1. 洁具 | | | |
| 1.1　便器 | | | |
| 1.2　洗手盆 | | | |
| 1.3　洗涤盆 | | | |
| 1.4　淋浴器 | | | |
| 1.5　其他 | | | |
| 2. 排水管道 | | | |
| 2.1　De20PVC 管 | | | |
| 2.2　DE25PVC 管 | | | |
| …… | | | |
| 3. 检查井及附属构筑物 | | | |
| 3.1　检查井 | | | |
| 3.2　附属构筑物 | | | |
| | | 排水材料 | |
| 4. 人力 | | | |
| 4.1　安装洁具 | | | |
| 4.2　铺设管线 | | | |
| 4.3　建检查井 | | | |
| 4.4　其他 | | | |
| | | 人力总用工 | |
| 5. 设备 | | | |
| 5.1　挖沟设备 | | | |
| 5.2　装货设备 | | | |
| 5.3　拖拉机 | | | |
| 5.4　其他 | | | |
| | | 设备 | |
| 成本一览 | | | |
| 材料费用 | | | |

续表

| 项　目 | 数量 | 单位成本 | 总成本 |
|---|---|---|---|
| 人力费用 | | | |
| 设备费用 | | | |
| 加上工程成本20%的预算额外开支 | | | |
| 工程总成本 | | | |

根据当地的材料、人工、机械费用价格和工程量填入上表，即可计算出工程总成本。

### 3.3.5　运行维护管理

**1. 排水管渠系统的养护与管理的任务**

排水管渠系统的养护与管理工作的主要任务有以下几个方面：

验收排水管渠；

定期进行管渠系统的技术检查；

经常检查、冲洗或清通排水沟渠，以维持其通水能力；

维护管渠及其构筑物，并处理意外事故等。

排水管渠内常见的故障有：污物淤塞管道，过重的外荷载，地基不均匀沉陷或污水的侵蚀作用，使管渠损坏、裂缝或腐蚀等。

**2. 排水管渠的清通方法**

在排水管渠中，往往由于水量不足，坡度较小，污水中固体杂质较多或施工质量不良等原因而发生沉淀、淤积，淤积过多将影响管渠的通水能力，甚至使管渠堵塞。因此，必须定期清通。清通的方法主要有水力方法和机械方法两种。

1）水力清通

水力清通方法是用水对管道进行冲洗。可以利用管道内污水自冲，也可利用自来水或河水。用管道内污水自冲时，管道本身必须具有一定的流量，同时管内淤泥不宜过多（20%左右）。用自来水冲洗时，通常从消防龙头或街道集中给水栓取水，或用水车将水送到冲洗现场，一般在居住区内的污水支管，每冲洗一次需水约2000～3000kg。

水力清通方法操作简便，工效较高，工作人员操作条件较好。

根据我国一些地方的经验，水力清通不仅能清除下游管道 250m 以内的淤泥，而且在 150m 左右上游管道中的淤泥也能得到相当程度的刷清。

2) 机械清通

当管渠淤塞严重，淤泥已粘结密实，水力清通的效果不好时，需要采用机械清通方法。机械清通的动力可以是手动、也可以是机动。人工清污方法不仅劳动强度大，工作进度慢，而且工作环境差，也不卫生。管道清污车、管道清通机器人是先进的清理机械，清理效果好，符合工作要求。

**3. 排水管渠的养护安全事项**

管渠中的污水通常能析出硫化氢、甲烷、二氧化碳等气体，某些生产污水能析出石油、汽油或苯等气体，这些气体与空气中的氮混合能形成爆炸性气体。煤气管道失修、渗漏也能导致煤气溢入管渠中造成危险。

排水管渠的养护工作必须注意安全。如果养护人员要下井，除应有必要的劳保用具外，下进前必须先将安全灯放入井内：如有有害气体，由于缺氧，灯将熄灭；如有爆炸性气体，灯在熄灭前会发出闪光。在发现管渠中存在有害气体时，必须采取有效措施排除，即使确认有害气体已被排除，养护人员下井时仍应有适当的预防措施。例如在井内不得携带有明火的灯，不得点火或抽烟，必要时可戴附有气袋的防毒面具，穿上系有绳子的防护腰带，井上留人，以备随时给予井下人员以必要的援助。

# 4 村庄污水物化处理技术

## 4.1 过 滤

### 排水-3 滤池与过滤器

**1. 适用地区**

适用范围广，可在全国各农村地区推广使用。

**2. 定义和目的**

滤池和过滤器均是利用过滤材料截留污水中的悬浮杂质，使水变清的污水处理技术，主要目的是去除污水中的固体悬浮物质。

**3. 技术特点与适用情况**

滤池和过滤器所需设备构造简单、成本低廉、运行费用省、维护操作简便。主要用于处理悬浮物浓度较低的污水，通常置于生物处理单元或混凝单元之后。

**4. 技术局限性**

对进水中悬浮物和污染物浓度有一定的要求。如果进水中悬浮物浓度过高，会导致滤速迅速降低、滤料很快堵塞、反冲洗的频率和强度增大、运行能耗和维护工作量增加；除此之外，进水悬浮物浓度过高还会造成滤料上形成生物膜、堵塞滤料，影响正常运行。

**5. 标准与做法**

1) 设备

滤池有多种分类方法。按滤速分为慢滤池、快滤池和高速滤池，按水流方向分为下向流、上向流和双向流等，按滤料分普通砂滤池（快滤池）、煤-砂双层滤池、煤-砂-磁铁矿（或石榴石）三层滤池和陶粒滤池等。

过滤器是成品化的一体式过滤设备，其中砂滤器应用最广泛，环保公司有售,以过滤罐形式为主,底面通常为圆型。包括纤维过滤器、双滤料高效过滤器、无阀过滤器等。

2) 滤池和过滤器

**滤池**

滤池由池体、滤料以及承托架、布水和集水系统等附属器材组成。

根据农村地区经济承载力和污水水质、水量特点,推荐采用普通滤池(快滤池)或双层滤料滤池。图4-1为滤池池体构造示意图,图4-2为滤池实例照片。

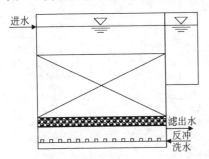 

图4-1 滤池池体示意图　　　　图4-2 滤池实例

**池体**

滤池池体多采用钢筋混凝土现场建造,而成形产品则多为钢结构或工程塑料材料制成。其平面多为正方形或矩形,长宽比根据构筑物总体布置和造价比来确定。保护高:0.25~0.3m;滤层表面以上水深:1.5~2.0m;

**滤料**

目前,污水处理中,一般采用颗粒状滤料。污水的水质组成复杂,悬浮物的浓度往往较高,黏度也大,容易造成滤料的堵塞,因此,在滤料的选择中应注意以下几个问题:

① 滤料粒径宜大一些,可在1.0~5.0mm之间选取;相应的冲洗强度也应适当增大,建议为15~20L/(m²·s)。

② 滤料的耐腐蚀性要强。滤料耐腐蚀的衡量标准:可用浓度为1‰的$Na_2SO_4$溶液浸泡已称过重量的滤料28天,重量减少值以不大于1‰为好(可以委托当地环保监测部门代为鉴定)。

③ 滤料应具有足够的化学稳定性。滤料应不与水发生化学反应，特别是不能含有对人体健康和生产有害的物质。

④ 滤料应具有良好的机械强度，便于就地取材，货源充足，价格低廉。

常见滤料有石英砂、陶粒、无烟煤、磁铁矿、金刚砂等，其中石英砂使用最广泛。表 4-1 中是这几种滤料的一些基本信息，供参考。

几种常见滤料的基本信息表　　　　表 4-1

| 滤料 | 特点及适用范围 | 来源及成本 | 获取方式 | 备注 |
| --- | --- | --- | --- | --- |
| 石英砂 | 密度大，机械强度高，化学性质稳定；适用于各种规模过滤池 | 石英矿石经破碎、水洗、酸洗、烘干和二次筛选制成；一般不超过 400 元/t | 购买获得，若当地产石英砂，也可自制 | 可向当地环保部门咨询供货厂家和自制方法 |
| 陶粒 | 比重小，耐冲击，耐磨损，比表面积大，截污能力强；适用于各种规格过滤池 | 加工时选用的各种原材料和比例不同，加工方法也存在差异；参考价格 1000~1800 元/t | 一般通过购买获得 | 可向当地环保部门咨询供货厂家 |
| 无烟煤 | 颗粒均匀，抗压耐磨，使用周期长；适用于双层或三层滤池 | 原料为煤碳，经过精选、破碎筛分等工艺加工而成；参考价格 600~800 元/t | 一般通过购买获得 | 可向当地环保部门咨询供货厂家 |
| 磁铁矿 | 比重大，磨损率小；通常与无烟煤、石英砂等滤料配合使用 | 精选磁铁矿石加工而成；参考价格 700~900 元/t | 一般通过购买获得；若当地产磁铁矿也可自制 | 可向当地环保部门咨询供货厂家和自制方法 |
| 金刚砂 | 比重大，耐酸耐磨，截污能力强；适用于双层、三层滤池 | 矾土、无烟煤、铁屑烧结而成；参考价格 700~900 元/t | 一般通过购买获得 | 可向当地环保部门咨询供货厂家 |

**其他配件**

配水系统：均匀收集滤后水和均匀分配反冲洗水。多采用配水廊道。

集水系统：收集反冲洗水。

承托层：主要作用是承托滤料和配水。要求机械强度高、孔隙均匀、不被反冲洗水冲动。通常采用天然卵石或碎石，粒径在30～40mm之间，厚度为100mm。

**过滤器**

根据处理规模和进水水质，可购买合适型号的过滤器。过滤器也可自制，主要组件为罐体、滤料、进水管、反冲洗管、出水管和承托架。罐体一般采用钢质材料或工程塑料，与滤池相比，过滤器平面形状通常为圆型或正方形，而竖向外形通常是竖条状非偏平式；常用的滤料有石英砂和陶粒；承托架可做成穿孔板的形式，保证穿孔孔径小于滤料粒径，防止滤料随水流流失。过滤器一般适用于处理规模较小的分散型污水。图4-3为过滤器的实例照片。

图4-3 过滤器实例

3) 设计和运行参数

本节主要介绍过滤池的设计和运行参数。为了便于反冲洗，每组滤池面积不宜超过 $15m^2$。

**单层滤料**

有效粒径：石英砂为1.2～2.4mm；

过滤速度：6～10m/h；

滤层高度：700～1000mm；

过滤水头：各部分高度总和。

**双层滤料**

有效粒径：无烟煤为1.5～3.0mm，石英砂为1.0～1.5mm；

过滤速度：6～10m/h；

滤层高度：无烟煤300～500mm；石英砂150～400mm；

过滤水头：各部分高度总和。

**反冲洗**

气水同时冲洗：气13～17L/($m^2$·s)，水6～8L/($m^2$·s)，历

时 4~8min。

单独水冲洗：水 6~8L/(m² · s)，历时 3~5min。

工作周期：不超过 12h。

**6. 维护及检查**

操作人员应根据维护的要求，定期维护和检修。包括滤池的反冲洗和其他设备的运行维护。

**7. 造价指标**

以砂滤技术为例，其工程造价包括砂滤池体的建造和滤料的购买两部分。采用不同材质建造池体造价不同，若采用钢筋混凝土池体，则每立方米池体的参考报价为 400~1000 元；填料的报价参见表 4-1。

## 4.2 沉　　淀

### 排水-4　沉淀池

**1. 适用地区**

适用于全国各农村地区的污水处理。

**2. 定义和目的**

沉淀池是利用重力作用将悬浮物质或活性污泥絮体从污水中分离，从而使污水得到净化的一种污水处理设施。主要目的是去除较大颗粒的无机悬浮物质和悬浮性有机污染物。

**3. 技术特点与适用情况**

沉淀技术所需构筑物结构简单，是污水处理的重要技术之一。

置于污水生物处理单元之前的沉淀池称为初沉池，设置在生物处理单元之后的沉淀池称为二沉池。沉淀池可以作为污水初级处理单元，也可用于处理初期雨水。

沉淀池处理对象主要是悬浮物质（去除率在 40% 以上），同时可去除部分 $BOD_5$（主要是悬浮性 $BOD_5$）。

沉淀池作用主要是沉淀去除污水中的悬浮物，初沉池还具有调节进水水质水量的功能。

**4. 技术局限性**

处理效果有限，出水不能达标，一般作为预处理工艺或二沉池与其他处理技术组合使用。

**5. 标准与做法**

(1) 沉淀设施

沉淀技术的主要设施为沉淀池，一般分为平流式、竖流式和辐流式，此外，还有斜板和斜管沉淀池。竖流式沉淀池和平流式沉淀池在农村小型污水处理厂较为适用。本书重点介绍这两种类型的沉淀池，其优缺点和适用条件如表4-2所示。对于分散的农户污水处理，可采用沉淀槽。

各类沉淀池优缺点和适用条件　　　　　　　　　表4-2

| 沉淀设施 | 优　点 | 缺　点 | 适用条件 |
| --- | --- | --- | --- |
| 平流式沉淀池 | (1) 沉淀效果好<br>(2) 对冲击负荷和温度变化适应能力强<br>(3) 施工简易<br>(4) 平面布置紧凑 | (1) 进、出水配水不易均匀<br>(2) 手动排泥工作繁杂<br>(3) 机械刮泥易生锈腐蚀 | 适用于大、中、小型污水处理厂 |
| 竖流式沉淀池 | (1) 占地面积小<br>(2) 排泥方便，管理简单<br>(3) 适用于絮凝胶体沉淀 | (1) 池体深度大，施工困难<br>(2) 对冲击负荷和温度变化适应能力不强 | 适用于小型污水处理厂 |

(2) 沉淀池设计

在没有实测资料情况下，沉淀池的设计依据可参照表4-3。

污水沉淀池设计参数　　　　　　　　　表4-3

| 沉淀池用途 | | 沉淀时间(h) | 表面负荷<br>（日平均流量）<br>$[m^3/(m^2 \cdot h)]$ | 污泥含水率(%) |
| --- | --- | --- | --- | --- |
| 初次沉淀池 | | 1.0～2.5 | 1.2～2.0 | 95～97 |
| 二次沉淀池 | 活性污泥法后 | 2.0～5.0 | 0.6～1.0 | 99.2～99.6 |
| | 生物膜法后 | 1.5～4.0 | 1.0～1.5 | 96～98 |

合流制污水处理系统中，应按降雨的流量设计计算，沉淀时间不宜小于 30min。

(3) 平流式沉淀池的设计依据

平流式沉淀池结构图如图 4-4 所示。其设计依据包括：

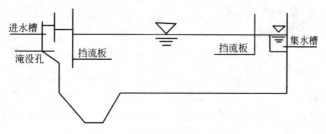

图 4-4　平流式沉淀池示意图

1) 池体的长宽比以 4～5 为宜，长宽比过小，池内水流均匀性差，容积效率低，影响沉淀效果，大型沉淀池可以设置导流墙。

2) 如果采用机械排泥，池体宽度应根据排泥设备而定。

3) 池体的长深比不小于 8，以 8～12 位宜。

4) 池底纵坡：采用机械刮泥时不小于 0.005，一般采用 0.01～0.02。

5) 沉淀时间：初沉淀池一般为 1.0～2.5h，表面负荷(日平均流量)1.2～2.0m³/m²·h；二次沉淀池一般为 2.0～4.5h，表面负荷 0.6～1.0m³/m²·h(活性污泥法后)，1.0～1.5(生物膜法后)。

6) 有效水深多采用 2.0～4.0m。

7) 入口的整流措施可采用溢流式入流、底孔式入流、淹没孔与挡流板的组合等。

8) 集水槽中锯齿形三角堰应用最普遍，水面宜位于齿高的 1/2 处，堰口应设置堰板可上下移动的调整装置。

9) 进出水口处应设置挡板，高出池内水面 0.1～0.15m。进出水口处挡板淹没深度视沉淀池深度而定，进水口处一般不应少于 0.25m；出水口处一般为 0.3～0.4m。挡板位置：距进水口 0.5～1.0m，距出水口 0.25～0.5m。

图 4-5 为平流式沉淀池的实例照片。

(4) 竖流式沉淀池的设计依据

竖流式沉淀池的结构如图 4-6 所示。其设计依据包括：

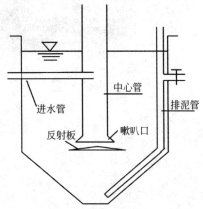

图 4-5　平流式沉淀池实例　　图 4-6　竖流式沉淀池示意图

1) 为了使水流在沉淀池内分布均匀，池子直径与有效水深之比（喇叭口至水面）不大于 3。池子直径不宜大于 8m，一般采用 4~7m。

2) 中心管内水流速度不大于 30.0mm/s。

3) 中心管下口应设置喇叭口和反射板。包括：反射板底距泥面至少 0.3m；喇叭口的直径及高度为中心管直径的 1.35 倍；反射板的直径为喇叭口直径的 1.3 倍，反射板表面与水平面的倾角为 17°。

4) 中心管下端至反射板表面之间的缝隙高在 0.25~0.5m 范围时，缝隙中污水流速，初沉池不大于 20mm/s，二次沉淀池不大于 15mm/s。

5) 当池子直径小于 7m 时，澄清污水沿周边流出；直径大于或等于 7m 时，需增设辐射式集水支渠。

6) 排泥管下端距池底不大于 0.2m，管上端超出水面不小于 0.4m。

图 4-7 为和图 4-8 分别为竖流式沉淀池和小型沉淀槽的实例照片。

图 4-7 竖流式沉淀池实例

图 4-8 沉淀槽实例

**6. 维护及检查**

沉淀池区域应设置标示，井盖处应特别注明标记，并保证关闭状态，防止坠井事件发生。平时保证排泥管阀门处于关闭状态，定期对池底污泥进行清理。

**7. 造价指标**

沉淀池结构较为简单，主要施工材料为钢筋混凝土，池体造价可按 500～1000 元/$m^3$ 进行粗略估算。

## 4.3 混 凝

### 排水-5 混凝澄清池

**1. 适用地区**

适宜在全国农村范围内推广使用。在北方寒冷地区使用时，最好建在室内,并加以保温设施。

**2. 定义和目的**

混凝的实质是将作用机理相适应的一定数量的混凝剂投加到污水中,经过充分混合反应,使污水中微小悬浮颗粒和胶体颗粒互相产生凝聚,成为颗粒较大且易于沉淀的絮凝体,最终通过重力沉淀而去除。因此,又称为混凝沉淀。主要目的是去除胶体悬浮物。混凝可以置于生化处理单元之后,作为去除污染物特别是除磷的强化处理单元,适用于对排水水质要求较高的地区。

**3. 技术特点与适用情况**

混凝是水处理的一个重要方法,常用来去除污水中呈胶体状和微小悬浮状态的有机和无机污染物,还可以有效去除氮、磷等易造成水体富营养化的污染物。也可以去除污水中的一些溶解性物质。

混凝沉淀技术应用广泛,在预处理、中间处理和深度处理中均有使用。其出水效果好,运行稳定,一般与沉淀或过滤联用。

**4. 技术局限性**

进水 pH 应在所选用混凝剂的适当范围,水温不能过低。混凝剂最佳投加量会随进水水质、水量的变化而改变,需要经常调节,对运行人员要求较高。混凝生成的沉淀物需要进一步处理和处置。

**5. 标准与做法**

(1)混凝设备

混凝沉淀设备种类较多,污水处理中可选用的设备主要有两种类型:一种是多个构筑物联用型,包括快速搅拌池、慢速搅拌絮凝池以及沉淀池;一种是单一构筑物的一体化结构的澄清池,即搅拌、絮凝和沉淀在一个池子中进行。后者在结构上还具有可将生成的絮体进行回流,减少混凝剂投加量和节省絮凝体形成时间的特点,因此,比较适宜在农村地区使用。一体化混凝澄清池的示意图如图 4-9 所示。

针对较大村落规模的一体式混凝设备,反应时间一般为 15~20min,单体构筑物处理量为 200~300$m^3$/h,直径在 9.8~12.4m,池深 5.3~5.5m,总容积 315~504$m^3$。为保证污泥滑入泥斗,底面应有一定的坡度;倒锥形污泥斗与水平面的倾斜角为 50°~60°,快、

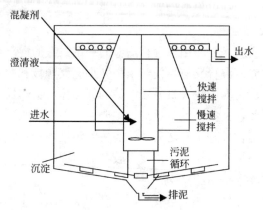

图 4-9 一体化混凝设备示意图

慢速搅拌桨分别由电机控制,保持一定的转速;进水首先进入快速搅拌池,与混凝剂充分混合,再经过慢速搅拌形成絮凝体,最后经过沉淀去除,澄清液通过穿孔管进入出水口,最终排出混凝设备;定期进行排泥操作。池体可采用钢筋混凝土结构;搅拌桨及搅拌叶片可采用钢质材料并做防腐处理;PPR 管打孔制成穿孔管。

(2) 混凝剂

混凝沉淀工艺中,所投加的混凝剂应符合:混凝效果好,对人体健康无害,使用方便,货源充足和价格低廉等特点。混凝剂的种类不少于 200 种,目前主要采用的是铁盐和铝盐及其聚合物。表 4-3 中列举了几种常用混凝剂的基本信息。污水处理领域应用最多的是硫酸铝 $[Al_2(SO_4)_3 \cdot 18H_2O]$,它有固体和液体两种不同形态,我国常用的是固态硫酸铝。其优点是运输方便,使用方便,但在水温较低时,效果不如铁盐混凝剂。聚合氯化铝又名碱式氯化铝或羟基氯化铝,其作用机理与硫酸铝类似,但效率比硫酸铝高。例如,在相同水质条件下,投加量比硫酸铝少,对水的 pH 值变化适应性较强。三氯化铁是铁盐混凝几种最常用的一种,混凝机理与硫酸铝相似。一般来说,三氯化铁混凝剂适用的 pH 值范围较大;形成的絮凝体比铝盐絮凝体密实;当水温或进水浑浊度较低时,处理效果优于硫酸铝;但三氯化铁的腐蚀性强,而且其固态产品易吸水潮解,不易保存,铁盐还会影响出水的色度。其液态产品虽然价格低,使用方便,但成分复杂,必须经专业部门化验无毒后方可使用。有时,为了提高混凝效果,还向污水中投加助凝剂来促进絮凝体的增大,加快沉淀。活化硅酸(又称聚合硅酸)是一种常用的助凝剂,作用主要是将微小的水和铝颗粒联结在一起。使用时不宜加量过大,通常剂量 $5\sim8mg/L$,否则反而会抑制絮凝体的生成。

表 4-4 常用混凝剂基本信息

| 名称 | 化学式 | 特点 | 参考价格 元/t | 备注 |
| --- | --- | --- | --- | --- |
| 硫酸铝 | $Al_2(SO_4)_3 \cdot 18H_2O$ | 运输、使用方便 | 500~1000 | 水温较低时,不易采用 |
| 聚合氯化铝 (PAC) | $[Al_2(OH)_nCl_{6-n}]_m$ | 混凝效率高,对pH适应范围宽,低温效果好 | 1200~2000 | 应用最为广泛,货源较多,供选择的产品较多 |
| 三氯化铁 | $FeCl_3 \cdot 6H_2O$ | pH值适应范围广,絮凝体密实,低温效果好 | 3000~4000 | 强腐蚀性,固体产品易潮解,注意适当保存 |
| 聚合硫酸铁 (PFS) | $[Fe_2(OH)_n(SO_4)_{3-n/2}]_m$ | 混凝效果好,腐蚀性远小于三氯化铁 | 1500~2000 | 产品需经检验无毒后才可使用 |

## 6. 维护及检查

混凝沉淀池结构较复杂,而且涉及投加混凝剂的操作,因此需要较为专业的运行维护人员,在操作中应注意以下几点:

水温 水温对混凝效果影响明显,我国北方地区冬季天气寒冷,水温较低,造成絮凝体形成缓慢、絮凝颗粒细小且松散。在这种情况下,通常的做法是增加混凝剂的投加量和投加助凝剂,如活化硅酸,它与硫酸铝或三氯化铁配合使用可提高絮凝效果,节省混凝剂的用量。

水中悬浮物浓度 当污水中悬浮物浓度很低时,颗粒碰撞速率减少,混凝效果差。当遇到这种情况时,应采取以下措施:①投加铝盐或铁盐的同时,投加如活化硅酸等高分子助凝剂;②适当投加矿物颗粒(黏土),提高颗粒碰撞速率同时增加絮凝体密度。例如无烟煤粉末,利用其较大的比表面积在澄清池内吸附去除一些杂质。

pH 值　pH 值，通俗的说就是水的酸碱度，也是影响混凝效果的重要因素。采用某种混凝剂对污水进行混凝处理时，都有一个相对最佳的 pH 值，在此条件下混凝反应最快速，絮体最不易溶解，混凝效果最好。当选定某种混凝剂时，可委托附近污水厂或环保监测部门代为测定该混凝剂的最佳 pH 值，在实际操作中通过酸或碱的投加逼近此值，以保证较好的混凝效果。

**7. 造价指标**

混凝工艺的工程造价主要是混凝反应器的建造，可选择钢筋混凝土结构，每立方米土建费用在 400~1000 元之间。日常运行费用包括混凝药剂费用（参见表 4-3）、搅拌机的电耗。

## 4.4　吸　　附

### 排水-6　活性炭吸附设备

**1. 适用地区**

适宜在经济较发达的农村地区推广使用。

**2. 定义和目的**

在污水处理中，把利用固体物质表面对液体中物质的吸附作用去除污水中污染物的方法称为吸附法。

其目的就是利用多孔固体物质，使污水中的一种或多种物质吸附到固体物质表面而与水分离开来，从而使污水得到净化的方法。

**3. 技术特点与适用情况**

经过二级生物处理的生活污水中还残留有一些难降解的溶解性有机物，这些物质用生物处理技术难以去除。而活性炭吸附法通常置于二级生物处理单元后，作为污水深度处理工艺，主要去除溶解性有机物、表面活性剂、色度和重金属等。活性炭吸附法操作维护简单，不受地理位置和气候条件影响。

**4. 技术局限性**

对进水水质有较高要求，工程造价较高。

**5. 标准与做法**

（1）活性炭吸附操作与设备

活性炭吸附操作方式分静态和动态两种。一种是静态活性炭吸附，即污水在不流动的条件下，进行的活性炭吸附操作。具体操作过程是把一定数量的活性炭吸附剂投加至待处理的污水中，然后不断的搅拌，待一定时间后，停止搅拌，再用沉淀或过滤的方法将污水和活性炭吸附剂分离。一次活性炭吸附后，出水水质若达不到要求，应重复上述操作。常用的设备为水池和桶。这种方法操作麻烦，在污水处理中已较少采用。

另一种是动态活性炭吸附，即污水在流动的过程中被吸附净化。主要设备有固定床、移动床和流化床等。其中固定床是目前应用最为广泛的动态活性炭吸附方式，下面将介绍此种方法所需设备的设计、安装以及运行维护注意事项。

在农村地区，活性碳吸附法主要针对村落规模的污水深度处理。图 4-10 是降流式固定床活性炭吸附罐的示意图和实例照片，底面直径 $1 \sim 3.5 m$，容积速度 $2 m^3 /(h \cdot m^3)$ 以下，线速度 $2 \sim 10 m/h$，活性炭吸附塔高度 $3 \sim 10 m$，填充层与塔径比 $1:1 \sim 4:1$，并设置垫层，接触时间 $10 \sim 50 min$；顶盖开有通气口和检查孔；设备整体采用不锈钢材料，管材可选用 PVC 塑料管或钢管（内壁需经防腐处理）。

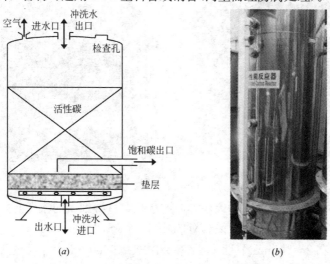

图 4-10　降流式固定床活性碳吸附罐
(a)示意图；(b)实例

原水通过顶部进水口流入活性炭吸附设备，在重力作用下依次流经各滤层，污水中的溶解性有机物，部分重金属等无机物被活性炭吸附去除，净化后的水从底部出水口流出。这种降流式固定床的出水水质好，但经过活性炭吸附层的水头损失较大，特别是当进水的悬浮物含量较高的时候容易出现堵塞现象。为防止这种情况的出现，需要定期进行反冲洗操作。反冲洗时，进水操作停止，冲洗水从底部进入活性炭吸附设备，在一定水压下冲刷下，滤层中的吸附物质被冲散，随水流一同上升，从设备顶部流出。

（2）活性炭吸附剂

在活性炭吸附法中，用来吸附污水中污染物的固体物质叫做吸附剂，广义来说，一切固体表面都有吸附作用，但实际上，只有多孔物质或磨的很细的物质，因为具有很大的比表面积，所以才有明显的吸附能力。活性碳被认为是吸附能力强的吸附剂，也是污水处理中应用最多的吸附剂。活性碳是用含碳为主的物质，如木材、煤等作原料，经过高温炭化和活化而成的疏水性吸附剂，表观呈黑色（如图 4-11 所示）。

图 4-11　活性碳吸附剂

活性碳的表面布满大小不同的小孔，这些细微的小孔有效半径一般在 1～10000nm 之间，分为小孔（半径在 2nm 以下）；过渡孔（半径在 2～100nm）；大孔（半径在 100～10000nm）。小孔的表面积占比表面积的 95% 以上，因此活性碳的吸附量主要靠小孔来支配，大孔的作用是将污水导入，使其进入小孔的功能区。活性碳按大小不同分为粒状和粉状两种，粒状的颗粒直径介于 0.15～4.7mm 之间，污水处理中多使用粒状活性炭，粒径为 0.5～2mm；粉状的粒径为 0.074mm。

**6. 维护及检查**

经过一段时间的使用后，活性炭逐渐达到饱和吸附状态，进水由于得不到有效的吸附净化，导致出水的水质越来越差。这时，应将达到饱和吸附状态的活性碳排出吸附设备，装填新的活性碳吸附剂。有条件的农村地区，可将部分购买的活性碳吸附剂送至相关环保监测部门，进行吸附剂的穿透实验，以便较为准确的估计吸附剂的用量，并根据所处理污水的水质、水量估算吸附剂的寿命。

**7. 造价指标**

活性碳吸附工艺设备简单，操作方便；活性炭的种类较多，各类产品的价格差异较大，较便宜的粉末活性炭大约 3000 元/t 左右，颗粒活性炭的价格可达到 6000 元/t，各农村应根据自身的实际情况选择适宜的活性碳。

## 4.5 消 毒

### 排水-7 氯消毒、臭氧消毒紫外线消毒设备，含氯消毒药片

**1. 适用地区**

适宜在全国农村地区推广使用。

**2. 定义和目的**

消毒是指消除水中可能对人体健康造成危害的致病卫生物，包括病菌、病毒及原生动物胞囊等。目的是净化水环境卫生，防止疾病的暴发。

**3. 技术特点与适用情况**

污水经过二级处理后，水质已得到明显改善，不仅悬浮物、有机物、氨氮等污染物浓度大大降低，而且细菌等病原微生物也得到了一定程度的去除。但是细菌总数仍然较大，存在病原菌的可能性很大。因此在对细菌总数有严格要求的地区，需要增加消毒单元。

特别是位于水源地保护区及其周边的村庄、风景旅游区村庄,夏季或流行病的高发季节更应严格进行消毒操作,减少疾病发生概率。

**4. 技术局限性**

对进水水质有严格限制,需要配备专门的操作人员,而且会增加相关运行和管理费用。

**5. 标准与做法**

污水消毒主要是向污水中投加消毒剂。目前应用较多的消毒剂有氯(包括液氯、次氯酸钠、二氧化氯)、臭氧和紫外线等。

(1) 液氯、次氯酸钠、二氧化氯、含氯消毒药片

液氯消毒是水处理中最常见的消毒方法,具有效果可靠,价格便宜等优点。然而,近年来的研究表明,氯化形成的某些消毒副产物对水生物有毒害作用,甚至形成致癌物。氯消毒工艺涉及构筑物较多,对药物投加量有严格的控制,出水中必须保证一定的余氯含量,维护操作复杂,需专门配备人员监测余氯含量、调整运行参数或配置自动投加与检测设备,适合经济发达、基础设施完善、劳动力素质较高的农村地区选用。图 4-12 是氯消毒工艺的流程示意图,供参考。

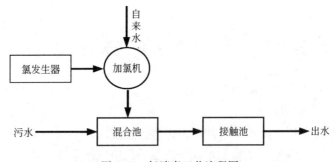

图 4-12　氯消毒工艺流程图

次氯酸钠、二氧化氯与液氯的消毒机理基本相同,也是利用 $OCl^-$ 的消毒作用。次氯酸钠消毒是用海水或浓盐水作原料制备次氯酸钠;二氧化氯消毒是用盐酸为原料制备二氧化氯。这两种方式都是现场制备消毒剂,使用较为方便,投加量容易控制。但需要发生器与投配设备,配置过程复杂、操作步骤繁多、运行成本高、需

要专门操作人员。含氯消毒药片投加后缓慢，溶解消毒，较适合农村管理水平。

图 4-13 是二氧化氯发生器的实物照片。

(2) 臭氧

臭氧由 3 个氧原子组成，具有极强的氧化能力，也是除氟之外最活泼的氧化剂，可以杀灭抵抗力很强的微生物如病毒、芽孢等；而且具有很强的渗透性，可渗入细胞壁，通过破坏细菌有机体链状结构导致细菌的死亡。臭氧消毒效率高，接触时间少(15min)，并可以有效地降解污水中残留的有机物、色、味等，且不产生难处理或生物累积性残余物。一般适用于对出水水质要求高，受纳水体对卫生指标有严格要求的小型污水处理厂。

图 4-13　二氧化氯发生器

图 4-14 所示为典型臭氧消毒工艺流程图。图 4-15 是臭氧发生器的实物照片。

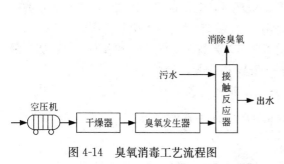

图 4-14　臭氧消毒工艺流程图

图 4-15　臭氧发生器

臭氧消毒的主要设备是臭氧发生器。目前，市场上臭氧发生器型号、规格较多，国产与进口均有，进口臭氧发生器质量好，臭氧产生率高，但价格比国产同类产品贵很多。在设备选型中可根据实际处理水量、水质和出水水质的要求选择合适的产品。接触反应池应保证一定的深度，并严格密封。由于臭氧具有强腐蚀性，因此需对剩余臭氧进行吸收；此外臭氧不能贮存，需现用现制。

(3) 紫外线消毒

水银灯发出的紫外光,可以穿透细胞壁并与细胞质反应而达到消毒的目的。紫外线消毒速度快、效率高,有人做过实验,在紫外线照射下,1分钟以内就可杀菌;对大肠杆菌和细菌总数的杀灭率分别可达到98%和96%;对液氯法难以杀死的芽孢与病毒紫外线均可以去除。经过紫外消毒的水,在物理性质和化学组成上不会发生改变,也不会增加任何气味。另外,紫外线消毒工艺所需要的设备简单、单元构筑物少、操作管理方便,而且主要针对处理规模较小的污水处理厂,非常适合在农村地区使用。紫外线消毒的工艺流程图图4-16所示。

图4-16 紫外线消毒工艺流程图

污水经过照射池,在紫外灯的照射下得到消毒,出水流出照射池,工艺流程简单,操作上只需通电和控制进水流量,保证消毒效果。紫外光源一般为高压石英水银灯,杀菌的设备主要有两种:浸水式和水面式。浸水式是将石英灯管放置水中,这种方式的特点是紫外线利用率较高,杀菌效能好,但设备的构造较复杂。水面式的构造相比简单很多,但是由于反光罩对紫外线有吸收作用以及光线的散射,杀菌的效果不如前者。紫外光波在2500~3600°A时,杀菌能力最强;照射强度为0.19~0.25W·s/cm²,污水层的深度不超过1.0m。

常见消毒方法优缺点及其他信息见表4-5所示。

常见消毒方法优缺点及其他信息　　　　表4-5

| | 优 点 | 缺 点 | 适用范围 | 投资及运行成本 |
|---|---|---|---|---|
| 液氯 | 效果可靠,价格便宜 | 余氯对生物有毒害,易产生致癌物 | 中等以上规模污水处理厂 | 低 |
| 臭氧 | 消毒效率高,并可有效去除残留有机物、色、味等,不产生难处理残余物 | 投资大,成本高 | 对出水卫生指标要求较高的小型处理厂 | 高 |

续表

| | 优　点 | 缺　点 | 适用范围 | 投资及运行成本 |
|---|---|---|---|---|
| 紫外线 | 消毒效率非常高，可杀死芽孢、病毒等，不改变水体化学组成，操作简单 | 货源不足，电耗较大 | 小型规模处理系统 | 较高 |
| 次氯酸钠二氧化氯 | 使用方便，投加量容易控制 | 需要配置发生器与投配设备，操作复杂，成本较高 | 中、小型污水处理厂 | 较低 |
| 含氯消毒药片 | | 目前厂家不多 | 分散污水处理设施 | 较低 |

臭氧消毒和紫外线消毒较适合农村地区使用。其维护操作方便，只需检查消毒设备工作是否正常运行即可，但是费用较高。含氯药片适合在农村使用。

**6. 造价指标**

参见表 4-4。一般来说，同样处理村落规模的生活污水，如 $200m^3/d$，若采用臭氧消毒法，购买进口臭氧发生器要 50 万元左右，国产的价格在 10 万元以内；紫外线消毒设备的参考价格在 1~10 万元；次氯酸钠配置设备和运行费用较为便宜，设备（投药泵和混合罐）一般在 5000 元以下，运行费用 0.10 元$/m^3$ 以下，但药剂的有效期为 30 天，需要定期购买和配置药剂，管理较为麻烦。

# 5 村庄污水生物处理技术

## 排水-8 化粪池

### 1. 适用地区

化粪池的应用不受气温、气候和地形的限制（因建在地下，便于恒温或采取保温措施），可广泛应用于我国各地农村污水的初级处理，特别适用于生态卫生厕所的粪便与尿液的预处理。

### 2. 定义和目的

化粪池是一种利用沉淀和厌氧微生物发酵的原理，以去除粪便污水或其他生活污水中悬浮物、有机物和病原微生物为主要目的的污水初级处理小型构筑物。污水通过化粪池的沉淀作用可去除大部分悬浮物，通过微生物的厌氧发酵作用可降解部分有机物，池底沉积的污泥可用作有机肥。通过化粪池的预处理可有效防止管道堵塞，亦可有效降低后续处理单元的有机污染负荷。

化粪池根据建筑材料和结构的不同主要可分为砖砌化粪池、现浇钢筋混凝土化粪池、预制钢筋混凝土化粪池、玻璃钢化粪池等。根据池子形状可以分为矩形化粪池和圆形化粪池。根据池子格数可以分为单格化粪池、两格化粪池、三格化粪池和四格化粪池等。

### 3. 技术特点与适用情况

化粪池具有流程合理、结构简单、易施工、造价低、无能耗、运行费用省、卫生效果好、维护管理简便等优点，地埋式化粪池上面种植花草可美化环境，不占地表面积。

化粪池适用性强，可广泛应用于办公楼、民用住宅、旅馆、学校、疗养院等生活污水的初级预处理，也可应用于公园景观园区粪尿污水的预处理，还适用于农村农户畜禽养殖污水的处理。农村旱厕改水冲厕所后，宜接化粪池。

### 4. 技术的局限性

化粪池的不足：沉积污泥多，需定期进行清理；沼气回收率低,综合效益不高;产生臭气,需采取密封措施;污水易泄漏污染地下水,必须加防渗措施。化粪池不宜处理悬浮物和污染物浓度过低的污水如单纯的洗浴污水等,也不宜处理瞬时流量过大的污水如初期雨水等。化粪池处理效果有限,出水水质差,一般不能直接排放水体,需经后续好氧生物处理单元或生态技术单元进一步处理。

**5. 标准与做法**

化粪池的设计可参见《农村户厕改造》第5册,化粪池的选型与施工可参见《给水排水标准图集》S2中相关内容。

(1) 化粪池的设计

当化粪池污水量小于或等于 $10m^3/d$,首选两格化粪池,第一格容积占总容积 $65\%\sim80\%$,第二格容积占 $20\%\sim35\%$;若化粪池污水量大于 $10m^3/d$,一般设计为三格化粪池,第一格容积占总容积的 $50\%\sim60\%$,第二格容积占 $20\%\sim30\%$,第三格容积占 $20\%\sim30\%$;若化粪池污水量超过 $50m^3$,宜设两个并联的化粪池。化粪池容积最小不宜小于 $2.0m^3$,且此时最好设计为圆形化粪池(又称化粪井),采取大小相同的双格连通方式,每格有效直径应大于或等于 $1.0m$。

另外,化粪池水面到池底深度不应小于 $1.3m$,池长不应小于 $1m$,宽度不应小于 $0.75m$。

(2) 化粪池的结构与原理

化粪池中应用较为广泛的为三格化粪池,其典型结构如图5-1、图5-2所示。

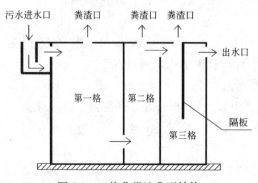

图 5-1 三格化粪池典型结构

图 5-2 化粪池实例

污水通过化粪池入口进入化粪池，污水中较大的悬浮颗粒（包括粪便）和寄生虫卵首先沉降，较小的悬浮物逐渐厌氧发酵分解，使有机物转化为稳定腐熟污泥可作为肥料，从而起到简易净水的作用。其中第一格的主要作用是粪渣截留、有机物发酵和寄生虫卵沉降；第二格的主要作用是有机物的继续发酵分解和病原微生物的厌氧灭活；第三格主要起储肥和环保的作用。

（3）化粪池材料

传统砖砌化粪池内外墙可采用1:3水泥砂浆打底，1:2水泥砂浆粉面，厚度20mm。

钢筋混凝土化粪池主要材料为钢筋和混凝土，还有配套的PVC或混凝土管道。

玻璃钢化粪池是一种新型化粪池，其池身采用有机树脂等高分子复合材料与高强度玻璃钢纤维材料复合制成。

（4）化粪池设备选型

化粪池有效容积从$2m^3$至$100m^3$不等，应根据当地地下水位和化粪池是否设在交通道路以下来采用相应的化粪池型号；根据当地地质条件、周围环境要求（如是否容许渗漏）和当地原材料供应等情况，确定采用砖砌或钢筋混凝土化粪池；根据当地气候和工期要求，确定采用现浇钢筋混凝土化粪池或预制成品化粪池。

根据《给水排水标准图集》，化粪池型号由5个标注代号组成，即×—××××。第1个代号表示池型编号，第2个表示有效容积，第3个表示隔墙过水孔高度，第4个表示地下水情况，第5个表示地面活荷载情况。

举例：型号为9—30B11，表示池号为9号，有效容积为$30m^3$，为高孔位隔墙过水孔，有地下水，可过汽车。

标准图集中提供了砖砌化粪池（包括覆土和不覆土）、钢筋混凝土化粪池（包括覆土和不覆土）的具体型号表，还提供了砖砌化粪池和钢筋混凝土化粪池进水管管内底埋深及占地外形尺寸，可供设计人员参考。

一些公司提供成品预制钢筋混凝土化粪池或玻璃钢化粪池，其选型依据的参数包括：化粪池材质、格数、有效容积、外形尺寸、排水量、进出水管径和进出水管底标高等。

**化粪池施工方法**

化粪池的施工包括制作成型化粪池(即化粪池成品,隔墙可在封顶后浇)、开挖坑槽、明降水挖槽、沉井施工和机械吊运等。

成品化粪池的加工在生产厂家完成,我们主要介绍成品化粪池的现场安装和施工,其工序如下:

开挖坑槽。根据设备的型号大小,在适当的场地测量放线,进行放坡后机械或人工开挖。放坡大小根据当地土质情况和设备顶部需覆土的厚度而定;基槽深度由设备型号、尺寸与污水连接管管口标高决定;所挖出的土必须距槽四周5m以外,防止土的侧压造成塌方事故;遇到地下水时应对地下水进行排除,排干地下水后对基槽底进行夯实、铺砂、防渗等基底处理。

安装化粪池。首先测量管底标高,根据设备型号的直径计算挖槽深度及与污水管道相连接的进出水口标高,在计算标高时,要预留槽底200mm铺砂尺寸;然后对基槽底进行探钎,根据设备型号的长度最低不应少于3个点,深度600～800mm;之后进行基层夯实,铺砂200mm厚并平整,砂内不允许有尖角、石块等杂物;最后吊装就位,并测定设备水平度,如不平则进行调整,使之水平。

分层回填土。回填土之前必须将池内灌水1/2;回填土要达到规范要求的密实度;回填土时,设备底部两侧必须用人工塞实,随填随塞(夯)实,填到30～50cm以上时,每30cm必须夯实一次;回填到设备1/2后,往设备内继续灌水,距设备顶部40～50cm后再进行回填土,每30cm进行一次夯实,直至与设备顶部相平;设备回填后的地面未处理前,绝不允许车辆通过;回填土的质量必须符合回填土验收规范,绝不允许用建筑垃圾作为回填土使用;土中的尖角、石块和硬杂物等必须剔出,回填用力应均匀,切忌局部猛力冲击。

砌清掏孔。砌清掏孔在回填土之前或之后进行均可,进出水口位置由施工单位现场开口并连接。

砌连接井。在距池体1m左右的位置砌筑设备进出口连接井,井底垫层夯实后浇筑混凝土底板,井中作流槽,并严格执行工程设计标高；化粪池管可采用PVC或波纹管直接砌入井壁内，管外壁与设备连接处必须打毛后用树脂胶加玻纤布封闭连接。

**其他注意事项**

因化粪池工程量小，其设计、施工与验收长期没有给予足够的重视，存在一系列安全隐患，值得注意的事项主要有以下几点：

① 化粪池的设计应由给排水、土建工程和结构工程等专业设计人员共同完成。

② 化粪池的设计应与村庄排污和污水处理系统统一考虑设计，使之与排污或污水处理系统形成一个有机整体，以便充分发挥化粪池的功能。

③ 化粪池的平面布置选位应充分考虑当地地质、水文情况和基底处理方法，以免施工过程中出现基坑护坡塌方、地下水过多而无法清底等问题。

④ 化粪池距地下给水排水构筑物距离应不小于30m，距其他建筑物距离应不小于5m，化粪池的位置应便于清掏池底污泥。

⑤ 建立健全的化粪池运行和检修等资料档案的管理制度，以备查阅和及时发现问题。

对于成品化粪池的安装与施工需注意的事项还包括：

① 安装前应对设备的型号和完整性以及进出水管管径等进行检查验收。

② 安装前检查开挖的坑槽深度是否符合工程标高设计要求。

③ 设备吊装就位时检查进出口方向是否正确。

④ 设备安装就位后灌水达1/2后再进行回填土，目的是在回填时使设备内外受压平衡。

⑤ 回填土应达到一定的密实程度，这直接影响设备的使用以及下道工序的作法。

⑥ 回填土达到标准后设备内的水应距顶部30～40cm。

**6. 维护及检查**

化粪池的日常维护检查包括化粪池的水量控制、防漏、防臭、清理格栅杂物、清理池渣等工作。

水量控制：化粪池水量不宜过大，过大的水量会稀释池内粪便等固体有机物,缩短了固体有机物的厌氧消化时间,会降低化粪池的处理效果;且大水量易带走悬浮固体,易造成管道的堵塞。

防漏检查:应定期检查化粪池的防渗设施,以免粪液渗漏污染地下水和周边环境。

防臭检查:化粪池的密封性也应进行定期检查,要注意化粪池的池盖是否盖好,避免池内恶臭气体溢出污染周边空气。

清理格栅杂物:若化粪池第一格安置有格栅时,应注意检查格栅,发现有大量杂物时应及时的清理,防止格栅堵塞。

清理池渣:化粪池建成投入使用初期,可不进行污泥和池渣的清理,运行1~3年后,可采用专用的槽罐车,对化粪池池渣每年清抽一次。

其他注意事项:在清渣或取粪水时,不得在池边点灯、吸烟等,以防粪便发酵产生的沼气遇火爆炸;检查或清理池渣后,井盖要盖好,以免对人畜造成危害。

**7. 造价指标**

化粪池类型和材质不同,其造价亦不同。国标砖砌化粪池与预制钢筋混凝土组合式化粪池的单池价格预算如表5-1所示。

国标砖砌化粪池与预制钢筋混凝土化粪池单池造价表　　表 5-1

| 容积(m³) | 15 | 20 | 30 | 40 | 50 | 100 |
|---|---|---|---|---|---|---|
| 国标化粪池(万元) | 1.4 | 1.4 | 2.0 | 2.5 | 3.1 | 6.3 |
| 预制化粪池(万元) | 0.8 | 1.2 | 1.6 | 2.1 | 2.5 | 4.9 |

## 排水-9　沼气池

沼气池是一种能源利用技术,同时也是一种有效的厌氧污水处理技术,有关沼气池的内容可参考本系列手册中相关章节及其他参考书。

## 排水-10　氧化沟

**1. 适用地区**

适合村落和集镇的污水处理。寒冷地区需要增设保暖措施。

**2. 技术的局限性**

① 适合村庄污水处理的氧化沟技术出水水质一般为《城镇污水处理厂污染物排放标准》中的二级标准，如果受纳水体有更严格的要求，则需要进一步处理。

② 对于冬季温度在零度以下的寒冷地区，需要地埋保暖措施或建于室内。

③ 氧化沟工艺的设计和建设需要相关专业人员协助。

**3. 定义和目的**

氧化沟因其构筑物呈封闭的环形沟渠而得名。它是活性污泥法的一种变型。因为污水和活性污泥在沟中不断循环流动，因此也称其为"循环曝气池"、"无终端曝气池"。氧化沟通常按延时曝气条件运行，以延长水和生物固体的停留时间和降低有机污染负荷。氧化沟通常使用卧式或立式的曝气和推动装置，向反应池内的物质传递水平速度和溶解氧。

由于氧化沟具有结构简单、运行管理简便和费用低等优点，氧化沟技术广泛应用于世界各地、不同类型的污水处理。新型氧化沟也不断出现，如：卡罗塞尔氧化沟、奥贝尔氧化沟、射流曝气氧化沟、障碍式氧化沟、T形（又称三沟式）、D形（又称双沟式）、DE形氧化沟、一体化氧化沟以及将曝气与推动循环流动功能相分离的氧化沟工艺。

在上述种类繁多的氧化沟工艺中，passever 氧化沟和一体式合建氧化沟更适合农村经济状况和技术水平。污水经过该氧化沟工艺的处理，出水通常能达到或优于《城镇污水处理厂污染物排放标准》中的二级标准。

**4. 技术特点与适用情况**

（1）构造特征

氧化沟一般呈环形沟渠状，平面形状多为椭圆或圆形，沟渠断面可为梯形或矩形；池体狭长，根据处理规模不同，总长可为几米到数百米以上。

氧化沟材料多采用钢筋混凝土；为了节省投资，也可以采用砖砌或挖沟后作防渗处理。

氧化沟的曝气和推流装置一般采用表面曝气器，包括转刷、转碟和表面曝气机。目前也有采用水下推流和微孔曝气的氧化沟。

(2) 工艺特征

① 在流态上，氧化沟介于完全混合式与推流式之间，从水流动来看是推流式，由于流速快，可达 0.25～0.35m/s，进水与沟内混合液快速混合，因此氧化沟的流态又是完全混合式。

② 水力停留时间长，有机负荷低，运行稳定，处理水质良好。

③ 采用延时曝气法运行，污泥产率低，剩余污泥量少。

④ 污泥龄长，达 15～30d，为传统活性污泥系统的 3～6 倍。因此在反应器内能够存活增殖世代时间长的细菌如硝化菌和反硝化菌等，在沟内可发生硝化反应和反硝化反应，使氧化沟具有较强的脱氮能力。同时，氧化沟这种封闭循环式的结构能够交替产生好氧/缺氧区域，因而特别能满足污水的脱氮要求。

⑤ 对水温、水质和水量的变化有较强的适应性。

⑥ 工艺操作管理方便。可不设置初沉池，污水只经过格栅和沉砂池即可进入氧化沟。主要设备是氧化沟沟体和二沉池，设施少，工艺流程简单，操作和维护管理比较容易。在各种活性污泥处理系统中，氧化沟的维护管理最为简单，产生机械故障的可能性也相对较小。

⑦ 氧化沟可建在寒冷的地方，当冬季气温为 −20℃ 时仍可使用，只要将电机和曝气器适当加以屏护，沟内水即不会结冻。但对于农村小规模氧化沟，其抵抗寒冷的能力下降，需要地埋保暖或放置在室内。

(3) 适用情况

氧化沟技术不受地形、水文和气候的影响，可广泛应用于我国各地的农村污水处理。

氧化沟技术适宜于村落和集镇污水的集中处理，规模过小将导致单位污水处理费用增加。

**5. 标准与做法**

针对农村现有的经济状况和技术水平，本手册重点介绍 passever 氧化沟和一体式合建氧化沟。

(1) 工艺构型

1) Passveer 氧化沟

Passveer 氧化沟的形状为环形沟渠,沟上安装一个或数个转刷,通过转刷推动混合液在沟内循环流动,并充氧,如图 5-3 所示。

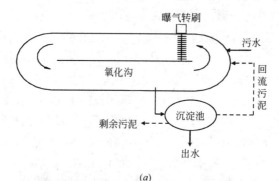

(a)

(b)

图 5-3 Passveer 氧化沟
(a)构造示意图;(b)实例

为保证活性污泥呈悬浮状态,沟内平均流速应在 0.3m/s 以上。混合液在沉淀池进行泥水分离,污泥回流到氧化沟中,因农村管理水平有限,剩余污泥宜定期排放并作适当处理。

沉淀池可以采用常用的竖流沉淀池或平流沉淀池。

2) 一体化氧化沟

一体化氧化沟将沉淀池与氧化沟建在同一构筑物中,利用水流动力实现无泵回流,从而节省污泥回流的动力消耗。

与传统氧化沟相比,一体化氧化沟则具有以下特点:

① 二沉池与氧化沟合建,且固液分离效率比一般二沉池高,可减少20%~30%的占地面积;

② 省去污泥回流泵房及相关辅助设施和管道系统,可节约基建投资;

③ 设施简化、无污泥回流泵,节省能耗,运行维护费用和管理难度降低,尤其适合农村村落小水量污水的分散处理。

一体化氧化沟需要专门的固液分离装置,按固液分离装置的位置分为沟内分离器型和沟外分离器型。沟内分离器型比较典型的是BMTS和BOAT。

BMTS型一体化氧化沟及其固液分离器示意图如图5-5所示,其固液分离器由前后隔墙、底部构件和集水管组成。隔墙强迫使水流从固液分离器的底部流过,通过水力作用,一部分泥水混合物进入固液分离器,由于底部构件的整流作用,固液分离器内处于相对静止的状态,进入固液分离器的泥水混合物得以分离,清水经集水管收集排放。污泥下沉后重新进入氧化沟。

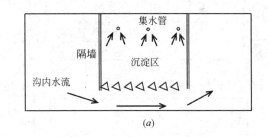

(a)

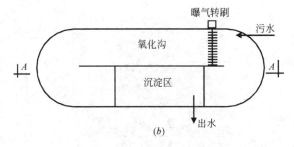

(b)

图 5-4　BMTS型一体化氧化沟示意图(一)

(a)剖面图；(b)平面图

BOAT 型一体化氧化沟由于其分离器像水中的船而得名。BOAT 型一体化氧化沟及其分离器示意图如图 5-5 所示。其工作原理与 BMTS 型一体化氧化沟相似，其区别是 BOAT 型一体化氧化沟的固液分离器仅占据了部分表面沟道。

沟外分离器型将固液分离器放置在氧化沟主沟的外面，这样可以减少固液分离器放置对氧化沟流态的影响。立体循环一体化氧化沟是沟外分离器型一体化氧化沟的一种，其示意图如图 5-6 所示。

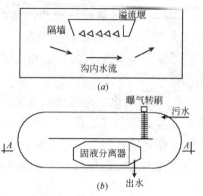

图 5-5　BOAT 型一体化氧化沟示意图(二)
(a)剖面图；(b)平面图

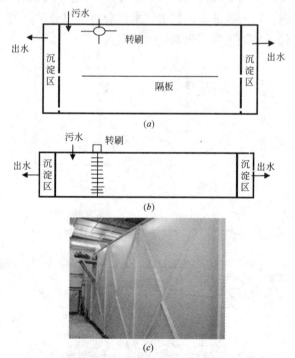

图 5-6　立体循环一体化氧化沟示意图和实例照片
(a)剖面图；(b)平面图；(c)实例照片

立体循环一体化氧化沟将传统的平面结构改为立体循环结构，可以进一步节省占地面积。固液分离器与立体氧化沟一体化，利用混合液在上、下沟道间循环流动时的水力特性实现泥水和污泥的自动回流。

(2) 设计参数

氧化沟所需的池体大小和运行条件可由以下参数粗略计算：

污水停留时间：8~24h；

污泥停留时间：15~30d；

氧化沟内溶解氧：2.0~4.0mg/L；

沟内流速：0.25~0.35m/s；

沟内污泥浓度：2000~6000mg/L。

**施工材料及方法**

(1) 氧化沟

氧化沟沟渠的平面形状如前面所示，可以采用圆形沟渠、椭圆形沟渠、直沟渠或其组合。其沟渠横断面可采用如图 5-7 所示的形状。

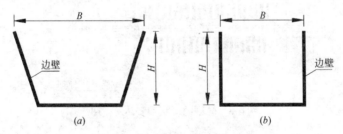

图 5-7 氧化沟沟渠断面示意图
(a)梯形沟渠；(b)矩形沟渠

如图 5-7 中所示，氧化沟的断面可以采用梯形($a$)和矩形($b$)，其中：

$B$：氧化沟断面的宽度。取值一般为 1~6m。

$H$：氧化沟断面的深度。其具体取值需结合曝气设备的性能参数。采用单独横轴曝气装置，取值一般为 2.0~3.5m；采用竖轴式表面曝气机，水深可达 4~4.5m。

边壁：一般推荐采用钢筋混凝土结构，土建施工应重点控制池体的抗浮处理、地基处理、池体抗渗处理,满足设备安装对土建施工的要求。为了节省投资,可以考虑采用黏土夯实并铺设防水层,亦可以采用钢结构和玻璃钢结构现场安装或定制。

(2) 氧化沟主要设备

对于以上推荐的适合农村的氧化沟沟型,主要设备是曝气设备和一体化氧化沟的固液分离器。

1) 曝气设备

氧化沟机械曝气设备除具有良好的充氧性能外,还具有混合和推流作用,因此,设备选型时要注意充氧和混合推流之间的协调。其中,适合农村的曝气设备推荐采用转刷曝气机和转盘曝气机。

转刷曝气机:包括转刷以及电动机和减速传动装置(见图 5-8)。转刷通常用于水深较浅的氧化沟,有效水深在 2.0~3.5m。近几年开发的水下推进器配合转刷,能增加氧化沟的水深,达 4.5m 左右。

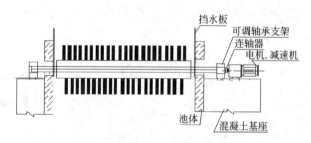

图 5-8 转刷的形状和安装示意图

一般以热轧无缝钢管或不锈钢管为转轴,在转轴的外部安装许多叶片。叶片应用最多采用矩形窄条状,材质可为碳钢,叶片宽一般为 50~80mm,厚度为 2~3mm。如图 5-8 所示,叶片在转轴上安装排列可采用错列式和螺旋式。一般对直径 1000mm 的转刷,每圈的叶片为 12 片,各圈叶片间的间距为 150mm。

转刷的技术参数可参照《环境保护产品技术要求转刷曝气装置》(HJ/T 259—2006)。

转盘曝气机:包括转盘以及电动机和减速传动装置。一般以热轧无缝钢管或不锈钢管为转轴,转盘一般由玻璃钢和高强度工程塑料压铸成型。通常转盘曝气机的充氧能力和动力效率大于转刷曝气机，氧化沟的水深可以大于 4.0m。

目前，国内外有很多定型的转刷曝气机和转盘曝气机，可以直接选用，设计时由厂家提供曝气设备的参数和安装要求。对于转刷，在有条件的地区，可以采取自行加工的方式节约成本。

2) 固液分离器：

固液分离器是一体化氧化沟的专有设备，其表面负荷一般大于二沉池，为 $30\sim50m^3/m^2\cdot d$。

**6. 成本分析**

氧化沟的建设成本主要包括池体建设和购置设备。

一般钢筋混凝土池体的建设费用为 $600\sim1000$ 元$/m^3$，不同地区或池体埋地与否会有差别，采用钢板或玻璃钢池体的造价约为 850 元$/m^3$。

转刷的费用为 $15000\sim30000$ 元/m，如果自行加工，会大幅度节省费用。转盘的费用相对贵一些。

## 排水-11　生物接触氧化池

**1. 适用地区**

适合在全国大部分农村地区推广使用。装置最好建在室内或地下，并采取一定的保温措施。

（备注：生物接触氧化池工艺的设计和建设需要相关专业人员实施。）

**2. 定义和目的**

生物接触氧化池是从生物膜法派生出来的一种污水生物处理方法。主要是去除污水中的悬浮物、有机物、氨氮等污染物，常作为污水二级生物处理单元或二级生物出水的深度处理单元。生物接触氧化技术有两个关键点：一是在生物接触氧化池内装填一定数量的填料，污水淹没全部填料，并以一定的速度流经填料。在填料上形成含有微生物群落的生物膜，污水与生物膜充分接触，生物膜上的微生物利用氧气，在自身新陈代谢的同时，污水中的污染物得到去除，水质得到净化。二是采用曝气的方法，即通过空压机或其他鼓风曝气设备向污水通入空气；一方面给微生物的生长提供足量的氧气,另一方面起到搅拌和混合的作用。

**3. 技术特点与适用情况**

(1) 工艺特征

生物接触氧化池工艺使用多种形式的填料作为载体,在曝气的作用下,反应池内形成液、固、气三相共存体系,有利于氧的转移,溶解氧充沛,与活性污泥法相比,生物接触氧化池填料上附着的生物膜具有易于微生物生长栖息、繁衍的安静稳定环境,无需承受强烈的搅拌冲击,适于活性微生物的增殖。

生物膜固着在填料上,其生物固体平均停留时间(污泥龄)较长,因此在生物膜上能够生长世代时间较长、比增殖速度很小的微生物,例如硝化菌等,有利于氨氮等污染物的去除。

生物膜上的微生物种类丰富,除了细菌和多种属的原生动物和后生动物外,还可以生长氧化能力较强的球衣菌属的丝状菌,形成密集的生物网,对污水起到类似"过滤"的作用,提高了净化效果。

在曝气作用下,生物膜表面不断的被气流吹脱,有利于保持生物膜的活性,抑制厌氧膜的增殖,也宜于提高氧的利用率,保持较高浓度的活性生物量。

(2) 运行特征

① 生物接触氧化池工艺对水质、水量波动有较强的适应性,这已经在很多工程实际运行中得到证实。即使在运行中,有一段时间中断进水,对生物膜的净化功能也不会造成致命的影响,在重新进水后可以较快地得到恢复。

② 与活性污泥法相比,生物接触氧化池能够处理低浓度废水,例如当原污水中的 $BOD_5$ 值长期低于 60mg/L 时将影响活性污泥虚体的形成和增长,降低净化功能,出水水质差。但生物接触氧化池对此低浓度污水有较好的处理效果,正常运行时能将进水 $BOD_5$ 为 20~30mg/L 的污水降至 5~10mg/L。

③ 剩余污泥量低,污泥颗粒大、易于沉淀,无污泥膨胀之忧,操作简单、运行方便、易于日常运行与维护。

**4. 技术的局限性**

① 生物接触氧化池对磷的处理效果较差,出水总磷不能达标,

对总磷指标要求较高的农村地区应配套建设出水的深度除磷系统。

② 设计和运行时,需要合理布置曝气系统,实现均匀曝气。

③ 填料装填要合理,防止堵塞。

**5. 标准与做法**

(1) 工艺流程确定

生物接触氧化池处理技术的工艺流程,一般分为:一段处理流程、二段处理流程和多段处理流程。

一段处理流程(处理单户或几户)如图 5-9 所示,原污水经过初次沉淀池处理后进入生物接触氧化池,经生物接触氧化池处理后进入二次沉淀池,在二次沉淀池进行泥水分离,分离出的澄清水则作为处理水排放。生物接触氧化池的流态为完全混合型,微生物处于对数增殖期和减衰增殖期的前段,生物膜增长较快,有机物降解速率也较高。一段处理流程的生物接触氧化池处理技术流程简单,易于维护运行,投资较低,适合单户或几户规模的污水处理。

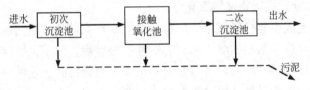

图 5-9　一段式生物接触氧化池流程

二段或多段处理流程(处理村落污水)如图 5-10 所示。

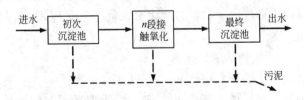

图 5-10　二段及以上式生物接触氧化池流程

二段处理流程的每座生物接触氧化池的流态都属于完全混合型,而结合在一起考虑又属于推流式。在一段接触氧化池的 F/M 值应高于 2.1,微生物增殖不受污水中营养物质的含量所制约,处于对数增殖期，$BOD_5$ 负荷率亦高，生物膜增长较快。在二段生物接触氧化池内 F/M 值一般为 0.5 左右，微生物增殖处于减衰增殖期或内源呼吸期。$BOD_5$ 负荷率降低，出水水质得到提高。二段池适合村落规模的小型污水处理厂采用。

多段生物接触氧化池处理是由连续串联 3 座或 3 座以上的生物接触氧化池组成的系统，适合少数人口规模较大的行政村采用。从总体来看，其流态应按推流考虑，但每一座生物接触氧化池的流态又属于完全混合。由于设置了多段生物接触氧化池，在各池间明显地形成有机污染物的浓度差，这样在每池内生长繁殖的微生物，在生理功能方面，适应于流至该池污水的水质条件；这样有利于提高处理效果，能够取得非常稳定的出水。经验表明，这种流程经过调整优化，除了有机物外，还有硝化和反硝化功能。

（2）工艺选型

目前，生物接触氧化池在形式上，按曝气装置的位置分为分流式与直流式；按水流循环方式，分为填料内循环与外循环式。

1) 分流式生物接触氧化池

分流式生物接触氧化池的特点是：污水在单独的隔间内进行充氧，在此进行激烈的曝气和氧的转移；充氧后，污水又缓缓流经填充有填料的另一隔间，与填料上的生物膜充分接触。这种外循环方式使污水多次反复地通过充氧与接触两个过程，溶解氧充足，营养条件好，加之安静的环境，有利于微生物的生长繁殖。但是这种构型，使得填料间水流速度缓慢，冲刷力小，生物膜更新缓慢，而且易于逐渐增厚形成厌氧层，产生堵塞现象，在高 $BOD_5$ 负荷下不宜采用。

2) 直流式生物接触氧化池

直流式生物接触氧化池如图 5-11 所示，其特点是：直接在填料底部曝气，在填料上产生上向流，生物膜受到气流的冲击、搅动、加速脱落、更新，使生物膜经常保持较高的活性，而且能够避免堵塞现象的产生。此外，上升气流不断地与填料撞击，使气泡反复切割，大气泡变为多个小气泡，增加了气泡与污水的接触面积，提高了氧的转移率。

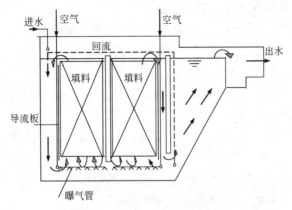

图 5-11 直流式接触氧化池示意图

(3) 设计要点

我国主要采用直流式生物接触氧化池,生物接触氧化池是由池体、填料、支架及曝气装置、进出水装置以及排泥管道等部件组成。

1) 池体及内部构筑体

池体底面多采用矩形或方形,长与宽之比应该在 1∶2～1∶1 之间;

池子个数或分格数一般不少于 2 个,每格面积不宜大于 $25m^2$;

污水在池内的有效接触时间一般为 1.5～3.0h;

容积负荷一般采用 1000～1500g $BOD_5/(m^3 \cdot d)$;

填料分层装填,一般不超过 3m;

溶解氧一般维持在 2.5～3.5mg/L 之间,气水比 15∶1～20∶1。

单户或几户规模的池体可用 PVC 塑料材料,村落以上规模的生物接触氧化池体应采用钢板焊接制成或用钢筋混凝土浇灌砌成。生物接触氧化池进水端应设置导流槽,导流槽与生物接触氧化池应采用导流板分隔,导流板下缘至填料底面的距离推荐为 0.15～0.4m。出水一侧斜板与水平方向的夹角应在 50°～60°之间。

生物接触氧化池应在填料下方均匀曝气,推荐采用穿孔管曝气,每根穿孔管的水平长度不宜大于 5m,穿孔管材质可选择 PVC 塑料管或不锈钢管,用电钻打孔制成。为防止堵塞,曝气时应保证开孔朝下。最好配置调节气量的气体流量计和方便维修的设施。生物接触氧化池底部应设置放空阀。

若采用二段式时，污水在第一生物接触氧化池内的接触反应时间占总时间的 2/3 左右，第二段占 1/3。

2）填料

填料的合适与否是决定生物接触氧化池处理效果好坏的关键。选择填料时应注意以下几点：

① 在水力特性方面，比表面积大、孔隙率高、水流通畅、良好、阻力小、流速均一。

② 在生物膜附着性方面，应具备良好的挂膜效果，外观形状规则、尺寸均一、表面粗糙程度较大等特点。

③ 化学与生物稳定性强，经久耐用，不溶出有害物质，不产生二次污染。

④ 货源稳定充足，价格低廉，便于运输与安装等。

填料的种类可按形状、性状及材质等方面进行区分。在形状方面，可分为蜂窝状、束状、筒状、列管状、波纹状、板状、网状、盾状、圆环辐射状以及不规则粒状和球状等。按性状分有，硬性、半软性、软性等。按材质则有塑料、玻璃和纤维等。

① 蜂窝状填料

蜂窝状填料见图 5-12 所示。

蜂窝状填料材质为玻璃钢及塑料，特点是：比表面积大，从 $133 \sim 360 m^2/m^3$（根据内切圆直径而定）；孔隙率高，可达 $97\% \sim 98\%$；质轻但强度高，堆积高度可达 $4 \sim 5m$；管壁光滑无死角，衰老生物膜易于脱落等。主要缺点是，当选定的蜂窝孔径与 $BOD_5$ 负荷率不相适应时，生物膜的生长与脱落失去平衡，填料易于堵塞；当采用的曝气方式不正确时，蜂窝管内的流速难于均一。因此，应尽量保证选定的蜂窝孔径与 $BOD_5$ 负荷率相适应；采取全面曝气方式；采取分层充氧措施，在二层之间留有 $200 \sim 300mm$ 的间隙，每层高度不超过 1.5m，使水流在层间再次分配，形成横流与紊流，使水流得到均匀分布，并防止中下部填料因受压而变形。

② 波纹板状填料

波纹板状填料见图 5-13 所示。我国使用的此种填料，用硬聚氯乙烯平板和波纹板向隔粘接而成，主要特点：孔径大，不宜堵塞；结构简单，便于运输、安装，可单片保存，现场粘合；质轻高强度，防腐性能好。主要缺点是难以得到均一流速。

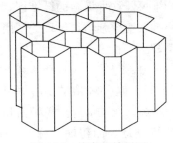

图 5-12　蜂窝状填料图

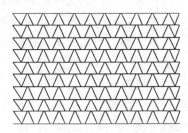

图 5-13　波纹板状填料图

③ 软性填料

软性填料（图 5-14）是我国 20 世纪 80 年代自行研发的。一般用尼龙、维纶、涤纶、腈纶等化纤编结成束并用中心绳联结而成。软性填料的特点是：比表面积大、重量轻、高强度、物理、化学性能稳定、运输方便、组装容易等。在实际使用中发现，这种填料的纤维束易结块形成厌氧状态。

④ 半软性填料

半软性填料见图 5-15 所示。由变性聚乙烯塑料制成，它既有一定的刚性，也有一定的柔性；既保持一定的形状又有一定的变形能力。这种填料具有良好的传质效果，对有机物去除效果好、耐腐蚀、不堵塞、安装简便。

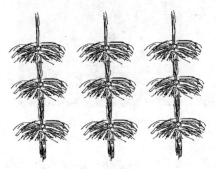

图 5-14　软性填料

图 5-15　半软性填料

⑤ 盾形填料

我国自行开发。由纤维束和中心绳组成，纤维束由纤维及支架组成，支架由塑料制成，中间留有孔洞，可通水、气。中心绳中间嵌套塑料管，用以固定间距并支撑纤维束。这种填料的纤维固定在塑料支架上，处于松散的状态，避免了软性纤维填料出现的结团现象，布水、布气作用显著，传质效果好。

⑥ 不规则粒状填料

不规则粒状填料见图 5-16 和图 5-17，是一种从早期沿用至今的填料。包括砂粒、碎石、无烟煤、焦炭以及矿渣等，粒径由几毫米至数十毫米不等。这类填料的主要特点是表面粗糙、易于挂膜、截留悬浮物的能力较强、易于就地取材、价格便宜。缺点是水流阻力大，易于堵塞。粒径的选择是关键。

图 5-16　无烟煤填料

图 5-17　焦炭填料

⑦ 球形填料（图 5-18）

球形填料是新型填料，目前应用较为广泛。呈球状，直径大小不一，球体内往往设置多个呈规律状或不规律的空间和小室，使其在水中能保持动态平衡。这种填料便于装填，但要采取措施，防止其向出水口处集结。

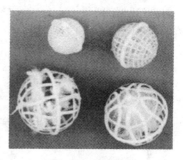

图 5-18　球形填料

3）设计尺寸推荐

表 5-2 中给出了不同处理规模的生物接触氧化池推荐的设计参数，供参考。其中村落级别的生物接触氧化池也可设计成二段式。

不同处理规模接触氧化池设计参数表　　　　表 5-2

| 规模 | 池体尺寸 | 适宜填料 | 施工材料 | 备注 |
|---|---|---|---|---|
| 单户 | 底面积 0.3～0.5m²，池高 1.0～1.5m，填料层高度 0.6～1.0m | 软性 半软性 | PVC 或钢板 | 均匀曝气 |
| 几户 | 底面积 2.0～4.0m²，池高 1.2～1.8m，填料层高度 0.8～1.3m | 半软性 软性 | PVC 或钢板 | 均匀曝气 |
| 村落 | 底面积 10～15m²，池高 2.5～3.0m，填料层高度 1.8～2.2m | 球形 蜂窝 | 钢板或钢筋混凝土 | 二段式曝气 |

**6. 维护及检查**

经过格栅去除污水中表面漂浮物和大颗粒悬浮物，再经过初沉池调节进一步去除固体悬浮物后，泵入生物接触氧化池。

1）系统启动

系统启动时，投加附近污水处理厂的好氧区污泥，或加入粪水，闷曝 3d～7d 后开始少量进水，并观察检测出水水质，逐渐增大进水流量至设计值，同时调整曝气量，保持一定的气水比 15∶1～20∶1，如果有条件应检测反应池内溶解氧含量，使其在 2.0～3.5mg/L 之间为宜。

2）日常维护

正常运行时，需观察填料载体上生物膜生长与脱落情况，并通过适当的气量调节防止生物膜的整体大规模脱落。确定有无曝气死角，调整曝气头位置，保证均匀曝气。定期察看有无填料结块堵塞现象发生并予以及时疏通。

定期对二沉池中污泥进行处理，可以由市政槽车抽吸外运处理，也可用做农田施肥。

**7. 造价指标**

生物接触氧化池的一次性投资主要是池体的建造和填料的购买；而各种不同填料价格差异明显，以价格较高的新型球形塑料填料为例，填充每立方米体积所需要的填料价格约 600 元左右。在运行成本上，生物接触氧化池要低于传统活性污泥法和氧化沟工艺。在占地方面，生物接触氧化池也体现了占地面积小的优势。此外，有报道表明二段式生物接触氧化池在污泥稳定性、水力负荷以及设备来源上相比传统活性污泥法和氧化沟工艺均有一定的优势；其突出的优势是吨水耗电量仅 0.2~0.45kW·h/m³，而且出水水质好。这些特点非常符合农村地区经济来源缺乏和操作维护人员有限的现状。

## 排水-12 生物滤池

### 1. 适用地区

适宜全国大部分农村地区使用，特别是资金来源缺乏的农村地区，主要针对村落规模污水处理。由于工艺布水特点，对环境温度有较高要求，适宜在年平均气温较高的地区使用。而在北方冬季气温较低的农村地区使用时需建在室内，最好保证水温在10℃以上。

### 2. 定义和目的

19世纪末，英国试行将污水喷洒在滤料上进行水质净化的试验，取得比较好的效果，后来这种方法得到公认，并命名为生物过滤法，其构筑物则称为生物滤池。目的是去除污水中悬浮物、有机物、氨氮等污染物。

### 3. 技术特点与适用情况

（1）工艺特点

生物滤池设计上采用自然通(拔)风供氧，不需要机械通风设备，节省了运行成本。生物滤池工艺是利用污水长时间喷洒在块状滤料层的表面，在污水流经的表面上会形成生物膜，等到生物膜成熟后，栖息在生物膜上的微生物开始摄取污水中的有机物作为营养，在自身繁殖的同时，污水得到净化。

（2）普通生物滤池

早期出现的生物滤池，负荷较低，水量负荷只有 1~4m³/(m² 滤池·d)，$BOD_5$ 负荷也只有 0.1~0.4kg/(m³ 滤料·d)。这种滤池称为普通生物滤池，其优点是净化效果好，$BOD_5$ 去除率可达 90%~95%；缺点是占地面积大、易堵塞，产生滤池蝇（一种体形小于家蝇的苍蝇，产卵、幼虫、成蛹、成虫等生殖过程均在滤池内进行，飞行能力弱，一般只在滤池周围范围飞行），恶化环境卫生，而且喷洒污水时散发臭味，因此普通生物滤池在实际应用中使用很少,并有逐渐被淘汰之势。

(3) 高负荷生物滤池

为克服普通生物滤池的缺点,人们在运行方面采取措施,提高水量和 $BOD_5$ 负荷,采取处理水回流措施,降低进水浓度,保证进水的 $BOD_5$ 在 200mg/L 以下,保证滤料在不断被冲刷下,生物膜得以不断脱落更新,占地大、易堵塞的问题得到一定程度的缓解。这种提高负荷后的生物滤池被称为高负荷生物滤池。其主要的工艺特点就是保证进水的 $BOD_5$ 低于 200mg/L,为此,常采用处理水回流加以稀释,这种方法可以使进水水质均匀和稳定化;加速生物膜的更新换代,防止厌氧层的生长,保持生物膜的活性;有效抑制滤池蝇的过度滋生;减少臭味。

**4. 技术的局限性**

污水进入生物滤池前,必须经过预处理降低悬浮物浓度,以免堵塞滤料。

滤料上的生物膜不断脱落更新,随处理水流出,所以生物滤池后应设置沉淀池(二次沉淀池)予以沉淀固体物质。

**5. 标准与做法**

(1) 工艺流程确定

下面将主要针对高负荷生物滤池的工艺流程、构造特征、设计要点、运行方式等加以介绍。

高负荷生物滤池因处理水回流位置的不同有以下几种不同流程(见图 5-19):

($a$)是应用比较广泛的高负荷生物滤池系统,特点是处理后的水回流至滤池中,避免增大初沉池的容积,污泥从二沉池回流至初沉池,可以提高初沉池的沉淀效果;与流程($a$)相比($b$)是直接将高负荷生物滤池的出水回流至滤池前端,两种流程均是将污泥回流至初沉池,这有利于生物膜的更新和提高初沉池的沉淀效果。工艺($c$)和($d$)的共同特点是将处理水和污泥同时回流至初沉池,($c$)是将二沉池的处理水回流,而($d$)则采用生物滤池出水直接回流,这样可以提高初沉池的沉淀效果,同时增加了滤池的水力负荷;但是增加了初沉池的负荷是系统的弊端之一。工艺($e$)与前四种工艺的

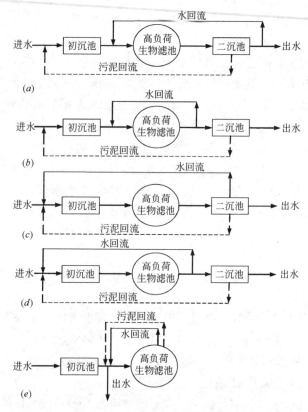

图 5-19 高负荷生物滤池流程

最大区别在于不设置二沉池,节省了单元构筑物,滤池末端的泥水混合物直接回流至初沉池,提高初沉池的沉淀效果。此工艺的初沉池实际上兼有二沉池的功能。

在实际应用中,应根据本地区农村污水特点和自然环境现状,选择适宜的工艺流程,加以灵活运用。

(2) 设计要点

高负荷生物滤池在构造上主要包括池体、滤料、布水装置和排水系统四部分。下面将针对村落规模污水处理($100\sim200\text{m}^3/\text{d}$)的高负荷生物滤池做详细介绍。

1) 池体(可采用多池联用)

进水 $BOD_5$ 浓度应小于 200mg/L。当污水 $BOD_5$ 浓度大于

200mg/L 时，应采用处理水回流将进水 $BOD_5$ 浓度稀释在 200mg/L 以下。

底面多为圆形；

容积负荷一般不大于 1200g $BOD_5/(m^3·d)$；

面积负荷一般在 1100～2000g $BOD_5/(m^2·d)$；

水力负荷一般为 10～30$m^3/(m^2·d)$；

过滤工作层高 1.5～1.7m，滤料粒径 40～70mm；

承托层 0.1～0.2m，滤料粒径 70～100mm；

过滤层底部设有支撑板，作用是支撑滤料、渗水和进入空气。因此要求支撑板必须有一定的孔隙率，推荐的空隙的总面积不得低于总表面积的 20%；为保证自然通风效果，支撑板与滤池底部应保持 0.3～0.4m 的距离，而且周围需开有通风孔，其有效面积不小于滤池表面积的 5%～8%。为防止风力对滤池表面均匀布水的影响，池壁应高出滤料表面 0.5m。根据处理规模不同，可修建多个池体。池身可选择砖砌或混凝土浇筑；也可以采用钢框架结构，四壁用塑料板或金属板围嵌，这样做可以减轻池体重量。

2) 滤料

滤料是高负荷生物滤池的主体，对滤池的处理效果有直接影响，选择滤料是应遵守以下基本原则：

① 滤料必须坚固、机械强度高、耐腐蚀性强、抗冰冻；

② 具有较高的比表面积(单位体积滤料的表面积)，以提供更多的面积供生物膜附着，而生物膜是本工艺处理效果的最重要影响因素；

③ 滤料要有较大的孔隙率，保证生物膜、污水和空气三相有足够的接触空间；

④ 便于就地取材、加工、运输。

目前，高负荷生物滤池适用的滤料是由聚氯乙烯、聚苯乙烯和聚酰胺等材料制成的形如波纹板状、列管状和蜂窝状的填料。这种滤料的优点是质轻、强度高、耐腐蚀，每立方米滤料重量大约为 45kg 左右，表面积可以达到 200$m^2$，孔隙率达到 95%（如表 5-3）。

不同类形高负荷生物滤池塑料滤料参数　　　　表 5-3

| 类型 | 种类 | 特征 | 孔隙率 | 比表面积 ($m^2/m^3$) |
|---|---|---|---|---|
| 波纹 |  | 塑料薄板材料 | 98% | 110 |
|  |  | 聚苯乙烯薄片 | 94% | 187 |
| 管式 |  | 塑料管状连续 | 94% | 220 |
| 蜂窝 |  | 聚苯乙烯薄片 | 94% | 82 |

也可以采用颗粒状滤料，但应选择粒径较大的，40～60mm，并且承托层滤料的粒径应大于工作层。

3）旋转布水器

高负荷生物滤池的布水必须均匀，一般采用旋转式布水装置，即旋转布水器。污水以一定的压力流入位于池体中央的固定竖管，再流入布水横管，横管可以设置 2 根或 4 根，横管距离滤池池面 0.2m 左右，围绕竖管旋转。横管的同一侧开有一系列间距不等的小孔，中心较疏，周边较密。污水在一定的水压下从小孔喷出，产生的反作用力推动横管向与喷水相反的方向旋转（如图 5-20 所示）。横管与固定竖管连结处是旋转布水器的关键部位，施工时应保证污水可以从竖管顺畅的流入横管，同时横管可以在水流的反作用力下，旋转自如。因此应进行严格封闭，污水不得外溢。这种旋转布水装置水头损失较小，一般不超过 0.9m，有条件的地区还可以采用电力驱动旋转。

4）排水系统

高负荷生物滤池的排水系统位于滤池底部，兼有排水和通风功能，因此池底应保证一定的高度（0.5m 左右），施工时以 1‰～2‰ 的坡度保证污水全部进入排水沟。

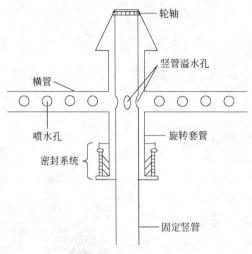

图 5-20 旋转布水器构造

**6. 维护及检查**

高负荷生物滤池构筑物简单，无需曝气供氧设备，污水在一定水压下均匀喷洒在滤料表面，全套系统的电耗设备只有水泵。日常运行时，应注意旋转布水器是否运转正常，布水是否均匀，以便及时检修和调整水压；注意滤料是否出现堵塞现象，通风效果是否良好；冬季水温较低时，应密切观察喷水口是否出现结冰，同时降低进水水量负荷，保证处理效果；当进水水质很差时，$BOD_5 >$ 200mg/L 时，开启回流泵，将处理水回流，稀释原水。

**7. 造价指标**

高负荷生物滤池一次性投资费用主要有池体的建造、滤料的采购、旋转布水器的建设等。估算下来，村落规模的处理系统建设费用一般不超过 20 万元。其日运行费用只有水泵的电耗和劳动力成本，相比其他好氧生物处理工艺，高负荷生物滤池的运行成本较低。

# 6 村庄污水生态处理技术

## 排水-13 生态滤池

### 1. 技术简介

生态滤池(如图 6-1 所示)是利用人工填料的生物膜和水生植物形成的微型生态系统来进行雨污水净化的一种水处理技术。生态滤池中,颗粒物的过滤主要由填料完成,可溶性污染物则通过生物膜和水生植物根系去除。生态滤池的生物以挺水植物为主,本质上是一个微型人工湿地系统,属于生态工程措施。

图 6-1 生态滤池实例

### 2. 适用地区

生态滤池适用于全国大部分的村庄,但在北方寒冷的冬季,应该注意防止床体内部结冰,降低滤池的处理效率。

### 3. 技术特点与适用情况

生态滤池主要用于雨水处理,或与环境工程联合使用,对污水生物处理设施的出水进行深度处理。生态滤池入水需要先做预处理,以去除较大的颗粒物,避免填料层堵塞。预处理设施可采用沉淀池,在工程造价较低时,也可就地利用农村的塘或洼地进行径流预处理。

生态滤池种植的植物可选取当地品种,如芦苇、香蒲、菖蒲等。根据周围环境也可进行植物组合或种植具有观赏性的水生花卉,或对构筑物作适当调整和装饰美化,使生态滤池在处理污水的同时还具有观景功能。

生态滤池自适应性好,植物成长后可维持系统的自我运行,管理和维护的工作量很少，只需要保证稳定的入水就可以自动处理雨污水。主要缺点是入水中颗粒物含量不能过高，填料一旦堵塞一般只能进行更换重装。

**4. 技术的局限性**

由于植物在填料上生长，生态滤池不能通过反冲洗对吸附在填料中的颗粒物进行去除，所以入水中的颗粒物不能过高，多用于充分沉降后的径流净化或污水深度处理，对于寒冷地区冬季的使用也受到一定的限制。

**5. 标准与做法**

图 6-2 为生态滤池的设计图。图中沉淀池设置在生态滤池的中间，由多个小室构成，各室的入水通过浮阀相通。各滤区的入水管有上、中、下三根管，每管可各设置一个阀门，根据运行需要开启，从而形成上流式、下流式和水平流交错的水流方向，提高处理效率。生态滤池也可设计为长方形，长宽比通常为 2∶1。填料砾石、粗砂和细砂为主，在表层可铺埋一层土壤供植物生长。如污水中污染物浓度较高，可提供足够的养料，也可不填充表层土壤。填料的顺序一般从下到上粒径逐渐减小，以维持水力通道畅通，底部砾石粒径以 2～5mm 为宜。填料的高度一般以 50～80cm 为宜，过浅植物根系会得不到充分生长。高于 1m 的填料高度，仅仅增加了池的容积，目前还没有证据表明可以增加处理效果。表 6-1 中所列的污染物去除率可作为生态滤池设计时参考。

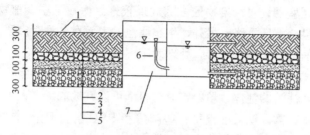

图 6-2 生态滤池设计图
1—生态滤室；2—壤土层；3—炉渣层；4—细砂层；
5—卵石层；6—浮阀；7—沉淀池

生态滤池去除率　　　　　　　　　　　表 6-1

| 污染物 | 去除率/% | 污染物 | 去除率/% |
|---|---|---|---|
| 大肠杆菌 | >90 | 溶解性氮 | 70～80 |
| 总悬浮物 | 90～95 | 磷 | 85～90 |
| 化学需氧量 | 75～85 | | |

根据入水情况，生态滤池可修建为半地下或地上式，它的滤区高度相对较低，建筑要求较简单，一般可采用砖混结构。布水和集水系统都较简单，穿孔 PVC 管就可达到要求。布水区和集水区的填料一般宜采用粒径较大的砾石，以均匀分配水量，并防止滤区填料堵塞，常用砾石大小为 60～100mm。为了提高磷的去除能力，可使用炉渣等作为填料吸附水中可溶性磷。防渗层可采用混凝土层，或铺垫高密度聚乙烯树脂和油毛毡。

**6. 维护及检查**

生态滤池是自维持的人工生态系统，本身的维护工作很少，仅需要进行每年一度的植物收割，以去除吸附在植物体中的营养物质。生态滤池对可溶性磷的去除主要是通过填料的吸附完成的，而填料的吸附能力有一定的限度。所以为了恢复填料的吸磷功能，在达到饱和吸附后必须进行填料更换，不过这个更改期通常较长，维护良好的生态滤池更换期甚至可长达数年以上。

生态滤池选用的植物对去除率的高低有直接的影响。一般在植物生长旺盛期，对污染物的去除效果较好。而在冬季，植物枯萎，去除效果会有所下降。另外，生态滤池的表面在冬季时也要避免结冰，冰面使污水不能下渗，处理效率下降。

**7. 造价指标**

生态滤池的池体、填料等原材料都可以就地取材，大大降低了建设成本，需要购买的仅是一些阀门和 PVC 管，但量比较少，滤池的建设和运行费用都非常低。整体上，生态滤池吨水处理成本约为污水处理厂的 10% 左右，但对土地需求约为污水处理厂的两倍，因此不宜建设在用地较为紧张的村镇地区。

## 排水-14 人工湿地

### 1. 技术简介

人工湿地是一种通过人工设计、改造而成的半生态型污水处理系统。人工湿地具有投资运行费用低、能耗小、处理效果好、维护管理方便等优点。此外，人工湿地对改善环境和提高环境质量有明显的作用，它增加了植被覆盖率，保持了生物多样性，减少了水土流失，改善了生态环境。同时也能够让人们认识到污水处理的重要性和人工干预（生态建设）下环境恢复的可能性及人为保护下自然界自我平衡能力。

### 2. 适用地区

由于其特色和优势鲜明，国内外人工湿地的应用范围越来越广泛，很快被世界各地所接受。尤其是对于资金短缺、土地面积相对丰富的农村地区，人工湿地具有更加广阔的应用前景，这不仅可以治理农村水污染、保护水环境，而且可以美化环境，节约水资源。

### 3. 技术特点与适用情况

人工湿地按其内部的水位状态可分为表流湿地和潜流湿地，见图6-3和图6-4。而潜流湿地又可按水流方向分为水平潜流湿地和垂直潜流湿地。

人工湿地净化污水主要由土壤基质、水生植物和微生物三部分完成。已有应用经验表明，人工湿地对污水中的有机物和氮、磷都具有较好的去除效率。在处理生活污水等污染物浓度不高的情况

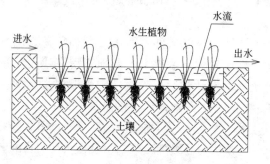

图6-3 表流湿地示意图

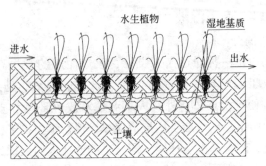

图 6-4 潜流湿地示意图

下,人工湿地对 COD 的去除率达 80%以上,对氮的去除率可达 60%,对磷的去除率可达 90%以上,出水水质基本能够达到城市污水排放标准的一级标准。

目前,人工湿地主要应用于处理生活污水、工业废水、矿山及石油开采废水以及水体富营养化控制等方面,应该加强对管理水平不高、资金短缺、土地资源相对丰富的农村地区污水进行处理的人工湿地工程应用。

### 4. 技术的局限性

表流型湿地处理系统的优点是投资及运行费用低,建造、运行和维护简单。缺点是在达到同等处理效果的条件下,其占地面积大于潜流型湿地,冬季表面易结冰,夏季易繁殖蚊虫,并有臭味。

潜流型湿地的优点在于其充分利用了湿地的空间,发挥了系统间的协同作用,且卫生条件好,但建设费用较高。

### 5. 标准与做法

由于各个地区的气候条件、污水类型和负荷、湿地规模和构造的区域差异性比较大,使得人工湿地工程在建设和运行维护的过程中没有统一的设计和运行参数。应当根据实际情况因地制宜进行设计和运行。人工湿地设计思路如图 6-5 所示:

在实际应用过程中,不同类型的湿地可通过串联或并联的方式进行组合应用,以达到逐级削减水中污染物负荷的目的。多级湿地组合不仅可以充分发挥各种类型湿地的优点,而且具有较稳定的去

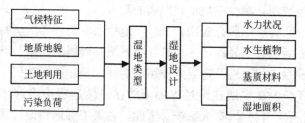

图 6-5 人工湿地设计思路

除率,抗干扰能力强,受季节影响不大。常见的组合方式有表流与水平潜流湿地的串联、并联组合;水平潜流与垂直流湿地的串联组合等。

在设计建设人工湿地系统时,首先确定污水的水量和水质,并根据当地的地质、地貌、气候等自然条件选择合适的人工湿地类型,然后根据相应湿地类型进行设计。设计时需要考虑人工湿地系统内水力状况、植被搭配、湿地床结构、湿地面积、污染负荷、进水和排水周期等诸多因素。

(1) 水文因素设计

为保证人工湿地的长期净化效果,在设计时应考虑水文因素和湿地生态特点之间的关系。污水的水质、流速、水量等水文条件都影响着湿地基质材料的物理、化学特性,从而影响到污染物的沉淀、氧化、生物转化和土吸附等过程。因此,人工湿地在设计时必须重点考虑水的流速、湿地内最高水位和最低水位、水流的均匀分布等水文因素,同时也需注意季节和天气的影响、地面水的状况和土壤的透水性等对水文产生间接影响的因素。表流人工湿地水位一般为 20~80cm,潜流人工湿地水位则一般保持在土表面下方 10~30cm,并根据待处理的污水水量等情况进行调节。

在进行人工湿地设计时,需重点考虑造成湿地堵塞的各种影响因素。湿地堵塞多发生在系统床体前端 25% 左右的部分,造成堵塞的物质大部分为无机物,这表明污水中的颗粒物在湿地床中的沉淀是造成湿地堵塞的主要原因。此外,植物根系及其附着物等也是湿地堵塞的一大诱因。在湿地的设计中,尽可能在湿地前段设计一个沉淀池或塘，减少湿地中颗粒物的输入。

此外，有应用研究表明，部分湿地堵塞在第一年的运行中很快形成，随后没有明显的扩散，悬浮物或植物碎屑的积累与堵塞或溢流的形成没有相关性。造成此类堵塞的原因是建设活动而不是持续的生化反应。在湿地建设过程中可能在运输过程中将许多无机物（土、岩石碎屑粉等）带入系统。因此，在人工湿地建设过程中应尽量避免建设对湿地系统的影响，并且在湿地入口处设置大颗粒的基质，以防止在湿地系统前段就发生堵塞。

(2) 水力因素设计

人工湿地系统的水力因素主要包括水力负荷、水力梯度、水力停留时间、污染负荷、坡度等因素。在实际应用过程中，人工湿地一般与其他技术组合使用，以提高系统的稳定性。最常见的组合方式就是在污水进入人工湿地之前设置前处理系统以减轻污水对人工湿地系统水力负荷和污染负荷的影响。最常见的前处理系统一般为化粪池、沉淀池、沉砂池等，既可沉淀污水中的大部分 SS，防止人工湿地的堵塞；又可去除部分 COD 和 $BOD_5$，提高整个系统净化效果；还能初步混合不同污染程度的污水，缓冲水力负荷和污染负荷。

人工湿地一般采用小到中等砾石(<4cm)作为基质材料，在建设过程中要保证建设质量，尽量把水文死角区减到最少。在最小的水力梯度条件下，潜流人工湿地系统的设计流量($Q$)可以采用以下公式进行估算：

$$Q=(Q\text{进水}+Q\text{出水})/2$$

湿地床的构型对湿地系统的水力状况有着重要影响，构型参数包括长宽比、坡度、深度等。据工程经验，人工湿地系统的坡度宜为 0.5%~1%，长宽比应大于 2，深度的波动范围为 0.2~0.8m。

人工湿地设计时应尽量采用重力流的布水方式，以保证排水顺畅，节省能源。另外，湿地的出水口应设计为可调的，以便使整个湿地床体的水位可以人为调控。

人工湿地的水力负荷根据污水量和湿地类型的不同差异比较大，一般来说潜流湿地的水力负荷大于表面流湿地的水力负荷。国内外,最常见的水力负荷为 10~20cm·d$^{-1}$,水力停留时间为 0.5~7d。

(3) 湿地面积设计

人工湿地的设计面积根据拟处理的水量确定,包括常规的污水的水量和汇流区域内的暴雨径流量。湿地的最大占地面积 $S$ 为总处理水量 $Q$ 与设计水力负荷 $A$ 之比,可以按下面的公式近似估算:

$$S=(Q污水量+Q径流量)/A$$

(4) 水生植物选择

湿地水生植物主要包括挺水植物、沉水植物和浮水植物。不同的区域,不同的生长环境,适宜生长的湿地植物种类是不同的。人工湿地一般选取处理性能好、成活率高、抗污能力强且具有一定美学和经济价值的水生植物。这些水生植物通常应具有下列特性:

① 能忍受较大变化范围内的水位、含盐量、温度和 pH 值;

② 在本地适应性好,最好是本土植物。植物种类一般 3~7 种,其中至少 3 种为优势物种;

③ 对污染物具有较好的去除效果;

④ 成活率高,种苗易得,繁殖能力强;

⑤ 有广泛用途或经济价值高。

人工湿地中使用最多的水生植物为香蒲、芦苇和灯心草,这些植物都广泛存在并能忍受冰冻。不同种类的水生植物适宜生长的水深不同,香蒲在水深 0.15m 的环境中生存占优势;灯心草为 0.05~0.25m;芦苇适宜生长在岸边和浅水区中,最深可生长于 1.5m 的深水区域。香蒲和灯心草的根系主要在 0.3m 以内的区域,芦苇的根系达 0.6m,宽叶香蒲则达到 0.8m。

在潜流型湿地中,一般选用芦苇和香蒲,它们较深的根系可扩大污水的处理空间。而对于处理暴雨径流污染为主的人工湿地,要求湿地植物有很强的适应能力,既能抗干旱又能耐湿,而且还应具有抗病灾和昆虫的能力,一般选用芦苇和蕉草。

(5) 基质材料选择

人工湿地系统多采用碎石、沙子、矿渣等基质材料作为填料。对于缺乏养分供给的基质或者孔隙过大不利于植物固定生长的基质，需在基质上方覆盖15～25cm厚的土，作为植物生长的基本。

不同类型的基质对湿地的影响不同。中性基质对生物处理影响不大，但矿渣等偏碱性的基质则在一定程度上会影响微生物和植物的生长活动，因此，应用时需采用一定的预处理，如充分浸泡等措施。

基质对废水中磷和重金属离子的净化影响最大，含钙、铁、铝等成分的填料有利于离子交换。钙、镁等成分和污水中的磷、重金属相互作用形成沉淀；铁、铝等离子通过离子交换等作用将磷、重金属吸附于基质上。但随着时间的推移，基质对磷和重金属的吸附会达到饱和，湿地除磷和重金属能力便有明显下降。

在确定选择的基质材料种类后，还应确定基质的大小，以调整湿地的水力传导率和孔隙率。一般来说，小粒径基质具有比表面积大、孔隙率小、植物根及根区的发展相协调、水流条件接近层流等优点。但目前人工湿地的基质一般倾向于选择较大粒径的介质，以便具有较大的空隙和好的水力传导，从而尽量克服湿地堵塞问题。

此外，基质的选择上还应考虑便于取材、经济适用等因素。

**6. 建筑材料与施工工法**

如前所述，建设施工过程中有可能导致湿地系统的堵塞。因此，人工湿地在建设过程中应合理安排施工次序，尽量减少颗粒态污染物的带入。

人工湿地在建设过程中涉及的建筑材料主要包括砖、水泥、沙子、碎石、土等。人工湿地的施工主要包括土方的挖掘、前处理系统的修建、土工防渗膜的铺装、布水管道的铺设、基质材料的填装、土的回填（厚度至少为10cm）和植物的种植。在施工过程中要合理安排施工顺序，严格按照湿地设计中配水区、处理区和出水集水区中各种基质材料的粒径大小，分层进行施工，详情见人工湿地基质材料组成剖面图（图6-6）。

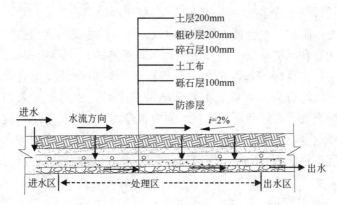

图 6-6 人工湿地基质材料组成剖面图

人工湿地的防渗层一般需要根据污水中污染物的种类和当地的地下水埋深来决定。当污水为工业废水或者污染物含量较高、重金属含量较高、地下水位较浅等情况时，水中污染物可能危害到地下水体，应严格要求修建防渗层。采用防渗效果较好的人工防渗膜或多层塑料布。而对于污水污染物种类简单、含量较少，且无有毒有害物，地下水位较深的情况，在修建防渗层时可以简化。人工湿地的防渗层一般采用当地的黏土，厚度至少为 $10\sim15\text{cm}$，进行夯实处理后就能起到防渗的功能，且成本较低。

人工湿地生态技术往往与其他环境工程技术配合使用，其中最常见的前处理技术包括化粪池、沉淀池或塘、油水分离器等，主要用于暂时储存污水，为污染物的后续净化提供充分的沉淀和净化空间。

人工湿地在建设过程中涉及的设备主要包括土工布，布水管，潜水泵等。涉及的设备较少，机械设备简单，且易于运行维护与管理。

### 7. 维护及检查

人工湿地的维护包括三个主要方面：水生植物的重新种植、杂草的去除和沉积物的挖掘。当水生植物不适应生活环境时，需调整植物的种类，并重新种植。植物种类的调整需要变换水位。如果水位低于理想高度，可调整出水装置；杂草的过度生长也给湿地植物的生长带来了许多问题。在春天,杂草比湿地植物生长的早,遮住了阳光,阻碍了水生植株幼苗的生长。杂草的去除将会增强湿地的净化功能和经济价值。实践证明,人工湿地的植被种植完成以后,就开始建立良好的植物覆盖,并进行杂草控制是最理想的管理方式。在春季或夏季,建立植物床的前三个月,用高于床表面5cm的水深淹没可控制杂草的生长。当植物经过三个生长季节,就可以与杂草竞争;由于污水中含有大量的悬浮物,在湿地床的进水区易产生沉积物堆积。运行一段时间,需挖掘沉积物,以保持稳定的湿地水文水力及净化效果。

### 8. 造价指标

综合国内外的研究实践经验,人工湿地的投资和运行费一般仅为传统的二级污水厂的1/10~1/2,具有广泛应用推广价值,尤其适用于经济发展相对落后市郊、中小城镇及广大的农村地区。具体的投资费用视地理位置,地质情况以及所采用的湿地基质而有差别,但大体上,表流人工湿地建设投资费用约 $150\sim200$ 元/$m^2$,潜流人工湿地建设投资费用约 $200\sim300$ 元/$m^2$。

## 排水-15 稳定塘

### 1. 技术简介

稳定塘是一种利用水体自然净化能力处理污水的生物处理设施,主要借助了水体的自净过程来进行污水的净化。它的设计简单、费用低、运行方便,很适于中低污染物浓度的生活污水处理。

### 2. 适用地区

稳定塘又名氧化塘或生物塘(如图6-7),它的适用范围广泛,可在我国大多农村地区进行使用。

### 3. 技术特点与适用情况

稳定塘有多种类型,按照塘的使用功能、塘内生物种类、供氧途径进行划分,一般可分

图6-7 稳定塘

为以下几类：

(1) 好氧塘

好氧塘的深度较浅，一般在 0.5m 左右，阳光能直接照射到塘底。塘内有许多藻类生长，释放出大量氧气，再加上大气的自然充氧作用，好氧塘的全部塘水都含有溶解氧。因而塘内的好氧微生物活跃，对有机污染物的去除率较高。

(2) 兼性塘

兼性塘同时具有好氧区、缺氧区和厌氧区（如图 6-8）。它的深度比好氧塘大，通常在 1.2~1.5m 之间。由于深度较大，阳光只能透射到上层区域，藻类的光合作用和大气复氧作用使上层区域的水体有较高的溶解氧，形成好氧区。该区域水质净化主要由好氧微生物主导。兼性塘的中层区域处于缺氧状态，称为兼性区，由兼性微生物起净化作用。下层区域中水体溶解氧几乎为零，称厌氧区，主要是供沉降的污泥进行厌氧分解。

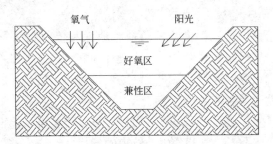

图 6-8　兼性塘示意图

(3) 厌氧塘

厌氧塘的深度相比于兼性塘更大，一般在 2.0m 以上。塘内一般不种植植物，也不存在供氧的藻类，全部塘水都处于厌氧状态，主要由厌氧微生物起净化作用。厌氧塘通常只是作为预处理措施而使用的，多用于高浓度污水的厌氧分解。

(4) 曝气塘

曝气塘的设计深度多在 2.0m 以上，但与厌氧塘不同，曝气塘采用了机械装置曝气，使塘水有充足的氧气，主要由好氧微生物起净化作用。由于有高浓度的氧气，反应速率较快，污水所需要的停留时间较短。可用于净化较高污染物浓度的废水。

（5）生态塘

生态塘一般用于污水的深度处理，进水污染物浓度低，也被称为深度处理塘。塘中可种植芦苇、茭白等水生植物，以提高污水处理能力，并可收获一些经济作物，同时也可养殖鱼、虾，塘堤还可种植桑树，通过形成微型生态系统来净化水质和进行污染物综合利用。

**4. 技术的局限性**

稳定塘主要利用水体的自净能力，水力负荷较低，所占面积较大，在土地比较紧张或地形起伏较大的地区使用有一定的困难。稳定塘的处理效果主要受到塘内生物的影响，而生物又主要受季节变化的影响，所以稳定塘的处理效果常常有一定的波动。此外，塘中水体污染物浓度过高时会产生臭气和滋生蚊虫，影响周边居民的生活。

**5. 标准与做法**

稳定塘是按有机污染物的负荷、塘深和停留时间等参数设计的。当入水的污染物较少时，一般设计为好氧塘或生态塘；当污水浓度较高时，可设计为厌氧塘或曝气塘；污水水质介于这两者之间时，通常设计为兼性塘。

稳定塘应尽量远离居民点，而且应该位于居民点长年风向的下方，防止水体散发臭气和滋生的蚊虫的侵扰。

稳定塘应防止暴雨时期产生溢流，在稳定塘周围要修建导流明渠将降雨时的雨水引开。暴雨较多的地方，衬砌应做到塘的堤顶以防雨水反复冲刷。塘堤为减少费用可以修建为土堤。

塘的底部和四周可作防渗处理，预防塘水下渗污染地下水。防渗处理有黏土夯实、土工膜、塑料薄膜衬面等。

**6. 维护及检查**

稳定塘的设计简单、施工简便，所需要的维护工作较少。日常维护中要注意保护塘内生物的生长，但也不能让水生生物过度生长，特别是藻类的快速繁殖会使出水水质下降。

塘是否出现渗漏是检查的重点，要注意对塘的出入水量进行定期测量,以查看有无渗漏。如果周边有地下井,也可抽取地下水进行检测,查看是否受到塘水的下渗污染。

**7. 造价指标**

稳定塘修建的主要成本是塘体的挖掘和防渗处理。为了减少成本,可以在地势低洼的地方进行修建,也可对农村原有的蓄水塘进行改建而成,挖掘时也宜采用机械作业以减少成本。如果土的入渗率较低,也可以采用就地夯实的办法作防渗。稳定塘投资造价约 100～150 元/$m^2$。

好氧塘和深度处理塘中种植的一些观赏性水生植物会增加一些费用,这些植物应多取用当地野生品种。这样可以减少造价,同时当地物种也比较适应本地环境条件,能够快速成活。

## 排水-16 土地渗滤

**1. 技术简介**

土地渗滤技术属于污水土地处理系统(见图 6-9),根据污水的投配方式及处理过程的不同,可以分为慢速渗滤、快速渗滤和地下渗滤三种类型。土地渗滤对污水的缓冲性也较强,但不能用于过高浓度的污水处理,否则会引起臭味和蚊虫滋生。

图 6-9 土地渗滤

**2. 适用地区**

污水土地处理是在污水农田灌溉的基础上发展而成。随着污染加剧和水资源综合利用需求的提升,土地处理系统得到了系统的发展和总结。目前已广泛应用于污水的三级处理,甚至在二级处理中,也取得了明显的经济效益和环境效益。

**3. 技术特点与适用情况**

(1) 慢速渗滤

慢速渗滤系统是将污水投配到种有作物的土表面,污水在流经地表土壤—植物系统时得到净化的一种处理工艺。投放的污水量一般较少，通过蒸发、作物吸收、入渗过程后，流出慢速渗滤场的水量通常为零，即污水完全被系统所净化吸纳。

慢速渗滤系统可设计为处理型与利用型两类。如以污水处理为主要目的，就需投资省、维护便捷，此时可选择处理型慢速渗滤。设计时应尽可能少占地，选用的作物要有较高耐水性、对氮磷吸附降解能力强。在水资源短缺的地区，希望在尽可能大的土地面积上充分利用污水进行生产活动，以便获取更大的经济效益，此时可选择利用型慢速渗滤，它对作物就没有特别的要求。慢速渗滤系统的具体场地设计参数包括：土壤渗透系数为 $0.036\sim0.36m/d$，地面坡度小于 $30\%$，土层深大于 $0.6m$，地下水位大于 $0.6m$。

(2) 快速渗滤

在具有良好渗滤性能的土表面，如砂土、砾石性砂土等，可以采用快速渗滤系统。污水分布在土表面后，很快下渗到地下，并最终进入地下水层，所以它能处理较大水量的污水。快速渗滤可用于两类目的：地下水补给和污水再生利用，用于前者时不需要设计集水系统，而用于后者则需要设地下水集水措施以利用污水，在地下水敏感区域还必须设计防渗层，防止地下水受到污染。

地下暗管和竖井都是快速渗滤系统常用的出水方式，如果地形条件合适，让再生水从地下自流进入地表水体是最优先设计 $0.45\sim0.6m/d$，地面坡度小于 $15\%$ 以防止污水过快流失下渗不足，土层厚大于 $1.5m$，地下水位大于 $1.0m$。

(3) 地下渗滤

地下渗滤系统(图 6-10)将污水投配到距地表一定距离，有良好渗透性的土层中，利用土毛细管浸润和渗透作用，使污水向四周扩散中经过沉淀、过滤、吸附和生物降解达到处理要求。地下渗滤的处理水量较少，停留时间变长，水质净化效果比较好，且出水的水量和水质都比较稳定，适于污水的深度处理。

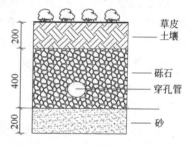

图 6-10　标准地下渗滤结构示意图

设计地下渗滤系统时，地下布水管最大埋深不能超过 1.5m，投配的土壤介质要有良好的渗透性，通常需要对原土进行再改良提高渗透率至 0.15～5.0cm/h。土层厚大于 0.6m，地面坡度小于 15%，地下水埋深大于 1.0m。地下渗滤的土壤表面可种植景观性的花草，适于村镇和乡村场院。

土地渗滤技术的工艺类型选择，主要根据处理水量、出水要求、土壤性质、地形条件等确定。常用的工艺参数为水力负荷和有机负荷。具体设计性能参见表 6-2。

各土地渗滤处理工艺设计性能    表 6-2

| 工艺特性 | 慢速渗滤 | 快速渗滤 | 地下渗滤 |
| --- | --- | --- | --- |
| 投配方式 | 表面布水 | 表面布水 | 地下布水 |
| 水力负荷/(m·a$^{-1}$) | 0.5～6.0 | 6.0～125 | 0.4～3.0 |
| 预处理设施 | 沉淀池 | 沉淀池 | 化粪池、沉淀池 |
| 处理目标 | 二级、三级 | 二级、三级 | 二级、三级或补充地下水 |
| 出水 BOD$_5$ 均值/(mg·L$^{-1}$) | <2 | 5 | <2 |
| 出水 SS 均值/(mg·L$^{-1}$) | <1 | 2 | <1 |
| 种植植物 | 谷类作物、牧草、林木 | 均可 | 草本、花卉 |
| 适用土壤 | 适当渗水性，布水后作物生长正常 | 亚砂土、砂质土 | 砂壤土、黏壤土 |

### 4. 技术的局限性

慢速渗滤系统投配水量较少，处理时间长，净化效果比较明显；种植作物的收割可创造一定经济收益；受地表坡度的限制小。它的主要缺点在于：处理效果易受作物生长限制，寒冷气候易结冰，季节变化对其影响较大；处理出水量较少，不利于回收利用；水力负荷低，需要的土地面积较大。

快速渗滤系统处理水量较大，需要的土地面积少；对颗粒物、有机物的去除效果好；出水可补给地下水或满足灌溉需要。主要缺点是对土壤的渗透率要求较高，场地条件较严格；对氨氮的去除明显，但脱氮作用不强，出水中硝酸盐含量较高，可能引起地下水污染。

地下渗滤系统的优势和劣势都较明显，它的布水管网埋于地下，地面不安装喷淋设备或开挖沟渠，对地表景观影响小，同时还可以与绿化结合，在人口密集区域也可使用；污水经过了填料的强化过滤，对氮磷的去除率高，出水可进行再利用，经济效果较突出。但它也有明显缺点：受土壤条件的影响大，土壤质地不佳时要进行改良，增加了建造成本；水力负荷要求严格，土壤处于淹没状态时毛管作用将丧失；布水、集水及处理区都位于地下，工程量较大，成本较其他工艺高；对植物的要求高，有些农作物种植受到限制。

**5. 标准与做法**

慢速渗滤并不需要特殊的收集系统，施工较简便。但为了达到最佳处理效果，要求布水尽量均匀一致，可以采用面灌、畦灌、沟灌等方式，喷灌和滴灌的布水效果更好一些，但需要安装布水管网，成本略有上升。

快速渗滤的布水措施和慢速渗滤类似，如果出水不需要回用的话，也不需要铺设集水系统。但在水资源比较紧张的地区，尽量将出水收集回用。在地势落差较大的地方，上游的地下水可自流出地表时，可采用地下穿孔水管或碎石层集水。而在地势较平坦的地方，宜采用管井集水。

地下渗滤系统需要铺设地下布水管网，系统构筑相对较复杂。普通地下渗滤系统施工时先开挖明渠，渠底填入碎石或砂，碎石层以上布设穿孔管，再以砂砾将穿孔管淹埋，最后覆盖表土。穿孔管以埋于地表下 50cm 为宜，也可采用地下渗滤沟进行布水。强化型地下渗滤系统在普通型的基础上利用无纺布增加了毛管垫层，它高出进水管向两侧铺展外垂，穿孔管下为不透水沟，污水在沟中的毛管浸润作用面积要明显高于普通型，布水也更均匀，因而净化效果更好。

**6. 维护及检查**

慢速渗滤和快速渗滤系统的主要维护工作是布水系统和作物管理，投配的水量要合适，不能出现持续淹没状态。快速渗滤系统通常采用淹水、干化间歇式运行，以便渗滤区处于干湿交替状态，好氧微生物和厌氧微生物各自有一段快速生长期,利于污染物迅速降解。反复充氧同时也有益于硝化和反硝化,加强脱氮功能。北方冬季时,地表结冰会引起这两个系统的效果下降,运行时要特别注意寒冷气候对系统的影响。

地下渗滤系统对入水的要求要比慢速渗滤系统和快速渗滤系统高一些。如果入水中颗粒物较多,则容易引起地下渗滤系统填料层堵塞,造成雍水,处理效率下降。地下渗滤系统表面可种植绿化草皮和植被,在居民点附近进行处理污水的时候,还应具有较好的观赏效果。但具有较长根系的植物不宜采用,因为长根系可能会引起土壤结构的破坏。

**7. 造价指标**

慢速渗滤和快速渗滤系统的主要成本是布水管网或渠道的修建费用。快速渗滤出水进行回用时,要安装地下排水管或管井,开挖土方量、人工费、材料费都会有所增加,但回收的水资源水质较好,可用于绿地浇灌或农业灌溉,形成经济效益,弥补了造价的上升。一般而言,土地渗滤系统造价在 $100\sim200$ 元$/m^2$。

地下渗滤系统采用地下布水,工程量相对较大。其主要成本是开挖土方、人工费、渗滤沟或穿孔管,以及集水管网的费用,在绿化要求较高时应种植观赏性强的植物,草皮和花卉此时也会占用一部分费用。但所有成本的总和依然还是远低于城市污水处理厂成本,维护的费用也较少,在农村地区运用优势更为明显。

## 排水-17 亚表层渗滤

**1. 技术简介和适用地区**

亚表层渗滤是一种较特别的地下渗滤技术(如图 6-11 所示),它重点对浅层地表进行了改造,用于污水处理。这种技术尤其适用于土层较薄的地区。

**2. 技术特点与适用情况**

亚表层渗滤技术对浅表层的

图 6-11 亚表层渗滤实例

土壤作了开挖，根据污水水质和出水要求，填埋了各种基质。基质中埋设有穿孔布水管，基质上方回填土壤。回填土上可种植牧草，但不宜种植灌木和乔木，因为这些植物的根系有较强的穿透力，会破坏地表下的基质和布水管网。

亚表层渗滤技术只对表层土进行了更换或改进，适用于地质条件较差，不易作深层挖掘的地区。它的工程量相对地下渗滤技术少，费用也有所减轻，在工程投入较少的情况下，也能取得较理想的效果。

### 3. 技术的局限性

同其他常见地下渗滤技术一样，亚表层渗滤的进水中颗粒物含量不能过高，否则容易引起布水区和基质的堵塞。另外，亚表层渗滤的布水系统和基质都埋于浅层地表，易于受到气候的直接影响。在寒冷天气时对亚表层的运行要谨慎一些，因为在反复冻融的条件下，容易引起基质破碎，并引起布水管网损坏。因而它对寒冷气候的适应性要比地下渗滤技术低一些。

亚表层渗滤种植的牧草要求比地下渗滤高一些，它不宜种植多年生的牧草。因为这样的牧草根系通常会逐年增大，容易引起亚表层填料的松动，影响污水的均匀分布。所以亚表层渗滤的土壤表层种植的多以一年生牧草为主。

### 4. 标准与做法

工程修建时对浅层土进行开挖，但应保留这部分土壤的表土层，以进行回填。因为回填的表土中含有大量当地草种，土质也比较肥沃，工程完毕后植物易于快速恢复。根据工程点的实际情况，开挖土层一般在60cm以下，开挖后可重新铺设填料，填料多以有较强吸磷能力的材料为主。布水管宜布于土壤层下方，既有利于污水随植物水份的蒸发而向上迁移，也利于污水的自然下渗。亚表层渗滤系统剖面图如图6-12所示。

### 5. 维护及检查

污水中有机质含量较高时，亚表层中生物会快速生长，易引起布水系统和填料的堵塞。维护时如检查到土壤表层有浸泡的现象，说明有堵塞现象或水力负荷过大，此时应停止布水，作进一步的检查。收割牧草时应注意用轻型收割机或人工进行，防止重物压实填料层。

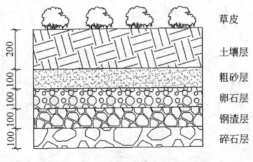

图 6-12 亚表层渗滤系统剖面图

**6. 造价指标**

亚表层渗滤和常见地下渗滤的成本构成类似，所用材料也接近。但亚表层渗滤只在表土进行工程改造，一定程度上节省了土方开挖和回填的费用。如果处理的水量较大，可以用渗渠代替穿孔管进行布水，此时布水系统的修建费用所占比例会相应增加一些。在饮用水源地或地下水敏感区域，应对底层作一些防渗处理，防渗所用的材料费和工程量都会有所增加。在满足防渗要求的情况，建议采用原土或取用临近土夯实的办法来降低造价。亚表层渗滤系统造价约在 $200 元/m^2$。

# 7 村庄污水处理组合技术

## 7.1 村庄污水处理技术的选择原则

村庄污水处理技术的选择原则包括:

① 村庄污水治理按规模可分为单户、多户和村庄污水治理,在进行技术选择时宜根据污水处理规模选择适宜的技术。

② 农村污水治理技术组合需兼顾进水水质特点和出水水质要求,筛选适宜的技术进行优化组合。

③ 缺水地区的雨水和生活污水宜采取回收利用措施。

④ 针对农村的经济与管理水平,宜选用生物和生态组合技术。

⑤ 污水处理工程控制措施不仅要满足村民对水质改善的需求,而且还要注重景观美化。

⑥ 生活污水量可按生活用水量的 75%~90% 进行估算。

⑦ 雨水量与当地自然条件、气候特征有关,可参照临近城市的相应计算标准。其中初期雨水量通常取降雨的前 10~20mm。

⑧ 工业废水和养殖业污水排入污水站前应满足相关的要求。

本章重点介绍村庄污水处理的一些常用组合技术,其中单元技术的设计和建造可参考本书其他章节以及其他参考书和设计手册。

## 7.2 单户污水处理组合技术

单户是指污水不便于统一收集处理的单一农户,宜采用分散处理技术,就地处理排放或回用。

## 7.2.1 初级处理技术

### 排水-18  化粪池或沼气池处理技术

适用范围：经济条件较差的地区，以及排放水质要求较为宽松的地区。

工艺流程如图 7-1 所示。

本技术在我国农村厕所改造过程中使用较多，其技术比较适合我国目前农村的技术经济水平，经过化粪池或沼气池处理后的污水直接利用，由于化粪池或沼气池出水污染物浓度高，出水不宜直接排入村庄水系。

污水 → 化粪池或沼气池 → 农用

图 7-1  单户污水初级处理技术工艺流程

## 7.2.2  化粪池或沼气池＋生态处理组合技术

适用范围：本技术适合经有土地资源可以利用的地区。

下面就几项具体的组合加以说明。

### 排水-19  化粪池或沼气池＋生态滤池

农户的污水经过管道排入化粪池或沼气池，经处理后排入到生态滤池。由于农户平时的污水产生量较少，经过本组合技术处理后，基本没有污水排放。如遇雨季的降雨径流，则只处理污染较重的初期降雨径流，后期降雨径流直接排放。另外，生态滤池上部还可以种植芦苇、香蒲等本土水生植物种类，不仅可以净化污水，而且还可以美化庭院，与庭院其他设施相协调。

### 排水-20  化粪池或沼气池＋人工湿地

农户污水经管道排入化粪池或沼气池，处理后排入到人工湿地进行处理。人工湿地通过土壤基质、植物和微生物对污水进行深度净化，处理效果好、运行费用低、经济高效。人工湿地应尽量利用自然重力布水，以减少维护费用、操作简便。另外，人工湿地植物种类的选择应以经济作物和景观植物为主，除种植芦苇、香蒲外，还可以种植美人蕉、花卉以及瓜果蔬菜等作物。

### 排水-21　化粪池或沼气池＋土地渗滤

经过化粪池或沼气池处理的污水，可以利用农户周边的菜园或透水性地表，直接将经过化粪池或沼气池处理的污水流入到土地地表，通过天然蒸发和土壤的自然渗透使污水得到净化。这种组合模式对于污水产生量小、地下水位低的农户非常适用，而且操作简单，净化效果明显。利用农户污水中的营养物质浇灌农户庭院的菜园，不仅可以提高资源的综合利用率，而且可以净化污水，减少污染物的排放。

### 排水-22　化粪池或沼气池＋稳定塘

经过化粪池或沼气池处理的污水，可以利用农户周边水塘进行进一步的净化。这种组合模式适合有水塘的农村地区，但应注意水塘富营养化对环境的影响问题。

### 7.2.3　化粪池或沼气池＋生物处理组合技术

适用范围：本技术适合经济较发达地区以及对排放水水质要求严格的地区，通过化粪池或沼气池＋生物处理组合技术处理后的出水一般能达到《城市污水厂污染物排放标准》中的二级排放标准，处理后的污水可直接灌溉农田或排放。

具体模式如下：

### 排水-23　化粪池或沼气池＋生物接触氧化池

农户的污水经过管道排入到化粪池或沼气池，经处理后排入到接触氧化池进行处理。为了节省能耗，接触氧化池宜利用地形通过跌水进行曝气充氧。

### 排水-24　化粪池或沼气池＋生物滤池

农户的污水经过管道排入到化粪池或沼气池，然后排入到生物滤池进行处理。本技术运行能耗低，管理方便。

目前，国内外在接触氧化和生物滤池的基础上开发了一些改进技术，并形成了成套设备，在污水处理时可以参考运用。

### 7.2.4 生物＋生态深度处理组合技术

#### 排水-25 生物＋生态深度处理组合技术

适用范围：经济条件许可的地区、排放水质要求高的地区、处理水回用的地区。

其工艺流程图如图 7-2 所示。

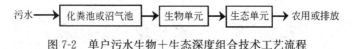

图 7-2 单户污水生物＋生态深度组合技术工艺流程

注意：如果需要回用冲厕，应在生态单元后接消毒单元。

其中：

生物单元：适宜选用的生物单元技术包括接触氧化、生物滤池以及其他生物技术。

生态单元：主要指在农户院落周边宜选用的土地资源。生态单元技术包括：生态滤池技术、人工湿地技术、土地处理技术以及氧化塘。

消毒选用次氯酸钠、臭氧、紫外或含氯消毒药片等消毒技术。

该技术的出水加上消毒，处理出水水质一般能达到回用要求。

### 7.2.5 雨水利用技术

#### 排水-26 雨水利用技术

适用范围：缺水地区或初期雨水污染严重的地区。

其工艺流程图如图 7-3 所示。

其中：

初期雨水：指降雨初期产生径流且受污染的雨水，由于其污染物浓度高，宜单独收集处理后排放。

污水处理设施：可以将初期雨水收集后与生活污水一并处理。

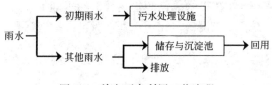

图 7-3 单户雨水利用工艺流程

其他雨水：除初期雨水外的雨水，在缺水地区收集后利用，也可直接排入附近水体。

存储与沉淀池：主要指水窖和农户庭院前后或田间的露天水池。

## 7.3 多户污水处理组合技术

多户指远离村庄，几户或十几户聚集在一起，污水不便于村庄统一收集处理的农户。其与单户污水处理的主要区别是处理规模不同，以及污水收集方式的区别。对于这种多户污水，宜采用分散处理技术，就地处理后排放或回用。

多户污水处理组合技术与单户污水处理组合技术相似，可以参考单户污水处理技术进行技术选择。雨水处理单元参照 7.2.5 节内容。

与单户相比较，多户污水处理技术与单户污水处理技术的区别主要是污水的收集系统，两种常用收集方式如下图 7-4 和图 7-5 所示：

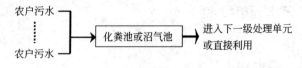

图 7-4 多户污水统一预处理工艺流程

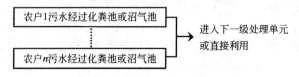

图 7-5 多户污水独立预处理工艺流程

## 7.4 村庄污水处理组合技术

村庄指聚集在一起生活的自然村和污水便于统一收集的行政村。村庄污水排放量大，污染集中，宜采取二级以上工艺处理后直接利用或排放。

村庄污水的收集方式参照多户污水的收集方式。如图 7-4 和图 7-5 所示，农户可独立修建化粪池，也可村庄统一修建化粪池。

### 7.4.1 物化处理技术

本技术主要针对有统一收集管网，但没有建成污水处理设施的村庄。宜在污水站建成前，进行初级处理后排放，物化处理技术包括混凝、沉淀和过滤等单元技术。其工艺流程图如图 7-6 所示。

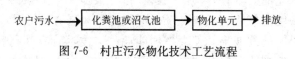

图 7-6　村庄污水物化技术工艺流程

### 7.4.2 生物处理技术

适用范围：经济条件较差的地区以及排放水水质要求较为宽松的地区。

其工艺流程图如图 7-7 所示。

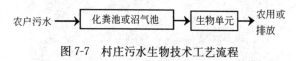

图 7-7　村庄污水生物技术工艺流程

处理后的水质一般可达到《城市污水厂污染物排放标准》中的二级排放标准，可直接用于农田灌溉。具体模式如下：

## 排水-27　化粪池或沼气池＋氧化沟组合模式

村庄农户污水经过化粪池或沼气池的初级处理后，收集后经过氧化沟处理后排放或直接利用。氧化沟具有运行稳定、操作简单和处理效果好等优点，适合农村村落和集镇的污水处理，但需要人定期维护和管理。工程实例如图 7-8 所示。

图 7-8 立体循环氧化沟村落污水处理工程

## 排水-28 化粪池或沼气池＋生物接触氧化池组合模式

村庄农户污水经过化粪池或沼气池的初级处理后，收集后进入接触氧化池处理。目前，国内农村有很多无动力接触氧化工程应用。采用厌氧或缺氧能耗低，但处理效果较差；采用好氧接触氧化能提高处理效果，但会增加能耗。本技术具有运行稳定，操作简单，管理简单等优点。接触氧化法对磷的处理效果较差，对总磷指标要求较高的农村地区应配套建设出水的深度除磷系统。工程实例如图 7-9 所示。

图 7-9 村落污水接触氧化处理工程

## 排水-29 化粪池或沼气池＋生物滤池组合模式

村庄农户污水经过化粪池或沼气池的初级处理后，收集后进入生物滤池处理。本技术适宜全国大部分农村地区使用，特别是缺乏资金的农村地区，主要针对村落规模污水处理。由于工艺布水特点，对环境温度有较高要求，适宜在年平均气温较高的地区使用。而在北方冬季气温较低的农村地区使用时需建在室内，最好保证水温在10℃以上。

其他技术

目前，国内外在接触氧化和生物滤池的基础上开发了一些改进技术以及其他适合农村污水治理的技术，在污水处理时可以参考运用。一体化设备工程实例如图7-10所示。

图7-10 一体化设备处理农村村庄污水

### 7.4.3 生态处理技术

适用范围：本技术适合有土地资源可以利用的地区。

生态技术具有投资省和运行能耗低等优点，其缺点是需要大量土地资源以及污水处理效果受季节影响。具体模式如下：

**排水-30　化粪池或沼气池＋生态滤池组合模式**

农户的污水经过管道收集后排入到生态滤池进行处理。

**排水-31　化粪池或沼气池＋人工湿地组合模式**

农户的污水经过管道收集后排入到人工湿地进行处理。人工湿地通过土壤基质、植物和微生物对污水进行深度净化，处理效果好、运行费用低、经济高效。人工湿地应尽量利用自然重力布水，以减少维护费用、操作简便。另外，人工湿地植物种类的选择应以经济作物和景观植物为主，除种植芦苇、香蒲外，还可以种植美人蕉、花卉以及瓜果蔬菜等作物。

**排水-32　化粪池或沼气池＋土地渗滤组合模式**

经过化粪池或沼气池处理的污水，还可以充分利用村庄周边现有的菜园或透水性地表，直接将经过化粪池或沼气池处理的污水流入到土地地表以及泵入山林。这种组合模式操作简单、净化效果明显。还可以充分利用农户污水中的营养物质浇灌农户庭院的菜园，不仅可以提高资源的综合利用率，而且可以净化污水，减少污染物的排放。

### 排水-33　化粪池或沼气池＋稳定塘组合模式

经过化粪池或沼气池处理的污水，还可以充分利用村庄周边水塘，直接将经过化粪池或沼气池处理的污水流入到水塘，水塘的净化能力将污水净化。这种组合模式适合有水塘的农村地区。

#### 7.4.4　生物＋生态深度处理技术

适用范围：针对经济条件许可的地区以及排放水水质要求高的地区。

其工艺流程图如图 7-11 所示。

图 7-11　村庄污水生物＋生态深度组合技术工艺流程

注：如果需要回用冲厕，在生态单元后接消毒单元。

其中：

生物单元：适宜选用的生物单元技术包括氧化沟、接触氧化、生物滤池以及相关成套设备等。

生态单元：在农户院落周边宜选用的生态单元技术包括生态滤池、人工湿地、土地处理、亚表层促渗和稳定塘等技术。

消毒选用次氯酸钠、臭氧、紫外等。

#### 7.4.5　雨水利用技术

适用范围：缺水地区或初期雨水污染严重的地区。雨水处理单元参照 7.2.5 节内容。

# 8 工程实例

## 8.1 氧化沟处理村落污水工程实例

**1. 概述**

该工程实例适用于对污水处理出水水质要求高的村庄。

该工程的建设地点位于高原湖泊旅游风景区的一个自然村,该村共36户150人。污水主要是生活污水和场院污染径流,水质水量受旅游季节变化影响很大。由于污水处理后最终将流入湖中,因此对污水处理后出水的要求高,需要达到地表水三级标准。

**2. 工艺流程**

旅游区污水水量季节性变化大,初步统计高峰期水量约为$300m^3/d$,旅游淡季水量低于$70m^3/d$,常年水量为$100\sim150m^3/d$。本工程根据该村水污染的具体特征,结合当地的技术经济现状,选定的污水处理方案为生物-生态结合处理技术,即:

住户污水—化粪池—调节池—立体循环一体化氧化沟—过滤—生态滤池—亚表层促渗—生态沟—人工湿地—排湖

**3. 工艺参数**

1) 化粪池

以户为单位,修建三格式化粪池,化粪池出水统一收集送往污水站。

2) 调节池

调节池容积约为$200m^3$。

3) 立体循环一体化氧化沟

设计水质:所处理污水为餐饮废水和居民生活污水。进水水质COD为$150\sim250mg/L$,pH为$7.0\sim7.5$,$NH_3$-N为$35\sim55mg/L$,

TP 为 4~5mg/L。

设计水量：由于旅游区水量变化系数较大，设计时安全系数取得较大。设计污水量为 $200m^3/d$，小时处理水量 $Q=8.3m^3/h$。游客高峰期可在 $300m^3/d$ 运行。

具体尺寸为：长 18.3m(两边沉淀池各 1m)，宽 2.4m，水位高 3.0m(超高 0.5m)。

氧化沟和沉淀池的水力停留时间约为 15h。

转刷直径为 800mm，转刷的充氧量和推动能力由转刷浸没深度(出水堰调节)和转速控制。浸没深度在 15~25cm 间，转速由调频电机控制。

减速电机选取 2.0kW，减速到 80r/min。

4) 滤罐

滤罐处理量按 $Q=8.3m^3/h$ 计算。设计过滤器表面积为 $1.5m^2$，当处理量为 $8.3m^3/h$ 时，过滤速度为 5.5m/h，为了减小反冲洗的流量，过滤器设计为平行两组。采用方型滤罐。滤料为陶粒滤料，粒径 2mm。

5) 生态滤池

场地选择：在示范区域内充分利用自然坡度以减小工程投资，同时可减少对周围环境的影响。

植物的选择：考虑植物的气候适应性、耐污性、根系的发达程度以及经济价值和美观等要求，国内外广泛认同和使用的植物有两种：芦苇和香蒲，尤其是芦苇，可以根生，也可以种植，具有生长速度快、根系发展快、耐水等优点，因此本工程中采用芦苇。

湿地进出水系统：采用 PVC 多孔管，保证湿地的进水布水系统布水均匀。

湿地基质的选择：根据实验结果，选用粒径为 20cm 的砾石和钢渣。湿地内部结构由下到上依次为：20cm 厚碎石层、土工布、20cm 厚粗砂层、20cm 厚基质层(砾石或钢渣)、40cm 土壤层。湿地为多级阶梯式湿地，坡度 2%。

防止地下水污染的措施：湿地底面进行防水处理，防止湿地渗漏污染地下水源。

6) 亚表层促渗

面积为 100m², 生活污水经由氧化沟降解大部分 COD, 湿地型生态滤池降解大部分 N。因此亚表层渗滤净化系统设计的主要功能是深度去除污水中的 P 及其他各类残留污染物。

7) 生态沟

污水站旁边有一条小排洪沟, 沟宽 1.5m 左右, 长约 200m。在进入村落前, 是一自然河道, 为了维护原有生态系统, 仅对河道的垃圾进行清理, 对河道底部和边壁进行适当的修整。

经过本污水处理工艺后, 出水可以作为观光农业区的浇灌用水。

整个污水处理站如图 8-1 所示。

图 8-1 氧化沟与生态组合工艺处理村落污水工程实例

**4. 处理效果**

工程运行结果表明, 此工程不仅有效去除了 TSS, COD, $NH_3\text{-}N$、总氮等污染物, 而且将出水总磷控制在 0.1mg/L 以下, 出水浓度达到排湖标准, 有效的控制了周边村落产生的生活污水对高原湖泊的污染。

**5. 经济成本分析**

为保证旅游旺季所增加的污水量能够得到及时有效的处理, 处理工艺中选择的用电设备应大于日常运行的需求。根据运行结果, 处理每吨水的电费为 0.253 元; 日常维护人员 1 名, 人工费为 0.133 元/m³ 水。因此, 本工程的运行费用为 0.386 元/m³ 水。

**6. 运行与管理方式**

1) 管理单位

污水站建成后移交给当地, 由当地负责污水站的运行, 同时负责环境意识宣传。

2) 技术依托

由设计单位培训当地的运行人员，同时提供长期的咨询。

3) 运行费用

运行费用主要从当地旅游收入中支出。

4) 采样及测试

由当地环保监测站负责取样检测和反馈检测数据。

## 8.2 厌氧生物处理技术工程实例

在农村应用较广的厌氧生物处理技术是沼气池技术，该技术是将污水处理和资源化利用有机结合起来的，实现了污水的资源化，污水中的大部分有机物经过厌氧发酵，达到净化目的。厌氧生物处理后出水可用作浇灌用水和观赏用水，处理中产生的沼水、沼气、沼渣可加以综合利用。农村地区大量的农作物秸秆和人畜粪便均可作为沼气利用的原材料。

近年来，各地以沼气建设为重点，与改厨、改厕、改圈相结合，引导推广多种能源生态模式，取得了良好的综合效益。通过对山东部分沼气池使用农户走访调查及资料收集，总结归纳，主要有以下两种沼气利用模式："一池三改"模式和"四位一体"模式。

**1. "一池三改"模式工程实例**

（1）概述

"一池三改"模式指的通过建一个沼气池，把改造厕所、厨房、畜禽圈舍与建设沼气池有机结合起来，人畜禽粪便通过沼气池厌氧发酵，产生的沼气通过沼气管输送到厨房，用于日常的烧水、做饭和照明。该模式具有土地利用集约化、资源利用合理化、日常管理方便化和生活环境卫生化等特点。改厕、改圈、改厨与沼气池建设同时完成，称为"一池三改"，如图 8-2 所示。

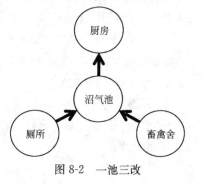

图 8-2　一池三改

(2) 工程实例

"一池三改"模式在山东省德州市某县使用比较普遍。通过对该县某村的一使用户进行调研可知，该农户家有 4 口人，养猪 5 头，养鸡 12 只，所建沼气池属于普通水压式沼气池，容积为 $6m^3$，建设费用 2000 元，由当地政府出资修建。人畜禽粪尿全部自流入沼气池，发酵产生的沼气用于厨房日常生活。据介绍，受季节的影响，沼气池的产气气压在 3~10kPa 之间波动，基本能满足日常生活所需。

水压式沼气池主要包括进料口、发酵间、水压间和导气管等，其原理为人畜粪便经进料口进入发酵间，在发酵间内完成厌氧发酵和产沼气过程，沼气经导气管接通厨房沼气厨具进行利用，当发酵间上方沼气量大于设计要求时，在沼气的压力作用下，沼水和沼渣混合液经出料管溢出至水压间，间隔一定时间对水压间和发酵间的沼渣进行清理。工程原理和实际工程如图 8-3 至图 8-7 所示。

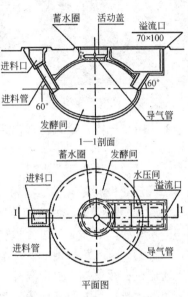

图 8-3 水压式沼气池构造示意图

图 8-4 农户家中水冲式厕所

图 8-5 农户家中饲养的生猪

图 8-6　沼气炉灶　　　　图 8-7　"一池三改"模式沼气池

### 2. "四位一体"模式工程实例

（1）概述

该模式以土地资源为基础，沼气为纽带，将畜禽养殖、厕所改造、沼气池建设和蔬菜种植有机结合，四者相互依存，优势互补，实现产气和积肥同步，种植和养殖并举，能流和物流的良性循环。如图 8-8 所示，沼气池、猪舍和厕所均建在菜地一侧，形成主体种养，人畜粪尿进入沼气池，所产沼气用于农户做饭、照明等日常用途，还可以在蔬菜棚内点沼气灯，产生的二氧化碳等温室气体有利于蔬菜的生长。另外沼渣作为基肥，用于蔬菜的施肥，沼液兑水后作为追肥施用，既可解决因畜禽粪尿到处堆放引起的环境污染，又实现了沼气、沼水和沼渣的资源回收利用，还节省了在蔬菜种植上的投资，增加蔬菜产量等，可谓一举多得。

（2）工程实例

山东省济宁市某村是远近闻名的致富村，该村大力发展蔬菜养殖业，形成 1800 亩绿

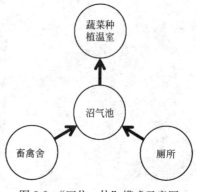

图 8-8　"四位一体"模式示意图

色瓜菜种植基地,并且村中一部分农户还从事牲畜养殖业。为了解决牲畜养殖带来的粪尿污染等问题,该村大力发展沼气利用技术,将沼气池发酵产生的沼气、沼水、沼渣用于瓜菜种植,大大节约了种植成本,形成了资源利用、瓜菜种植一条龙,当地农民人均年收入突破 4000 元。

该村牲畜养殖户的养殖规模介于 75~150 头之间,所建沼气池容积在 30~90m³ 之间,投资在 3000~6000 元之间,所需资金的 70% 由农户自筹,剩余的由当地各级政府支付。夏季沼气气压保持在 12kPa 左右,冬季产气量适当减少,气压约 6kPa,基本能够满足日常使用。该村一用户饲养生猪 96 头,每头猪每天的粪便产量按 2kg 算,该农户所养生猪每天产生的猪粪便为 192 公斤,在建沼气池之前,这些粪便随意堆放在猪舍附近,散发出的臭味污染空气,为此,该农户花费 6000 元左右建了三个容积为 15m³ 的沼气池,沼气池设计产气率在 0.15~0.2/m³·d 之间,设计产气压力 8kPa,既解决了牲畜粪尿带来的环境污染问题,又可利用沼气、沼水和沼渣资源加强自家的瓜菜种植。"四位一体"模式实际工程见图 8-9 至图 8-12。

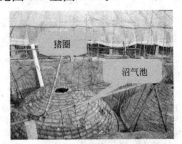

图 8-9 在建沼气池

图 8-10 已建成沼气池

图 8-11 蔬菜地与畜舍相邻

图 8-12 沼气池与畜舍相邻

## 8.3 好氧生物处理技术工程实例

好氧生物处理是利用微生物在有氧环境下的代谢作用,将废水中复杂的有机物分解成二氧化碳和水。这一过程需要在一定的处理构筑物内完成,其重要条件是保证充足的氧气供应、稳定的温度及水质。基本原理与常规污水处理的生物膜法或活性污泥法类似,通过运行调试,污水中的有机污染物作为营养物质,被微生物所摄取,污水得到净化,微生物也得以繁衍增殖。下面详细介绍即墨市北安街道办事处李家岭污水处理站所采用的多孔微生物载体曝气池工艺。

**1. 概述**

为了切实改善农村人居环境,青岛市委、市政府认真贯彻中央有关会议和文件精神,结合青岛市的农村实际情况,出台了《关于深入推进城乡互动加快社会主义新农村建设的意见》,把农村建设工作的重点放在村庄整治以及农村污水处理系统建设试点等方面,在郊区五个市,每市选择2个村庄共10个村庄进行农村污水处理系统建设试点工作,并投资600万元用于这10个村庄的污水处理系统建设工作,这些系统的处理对象为村庄的生活污水,包括厕所、厨房、洗涮和养殖等污水。

工程所在村现有村民212户,共计425人,人均年纯收入6330元。该村是即墨市社会主义新农村建设试点村,村集体经济较强,具有建设污水处理系统的积极性,而且靠近即墨市水源地-宋化泉水库,有建设污水处理系统的必要性。

**2. 工艺流程**

进站生活污水经过格栅后去除污水中大的悬浮物,再经过调节池的调节作用后进入初沉池,在初沉池中停留一段时间,污水中有机污染物物质和悬浮颗粒得到一定的去除,然后污水用泵抽将污水抽至曝气池中,曝气池分成4~5格,每个格中固定着多孔载体,载体上附着微生物,并通过鼓风设备进行曝气,增加池子中的溶解氧,在多孔载体内外形成不同的氧环境,污水在缺氧和好氧环境下实现有机物的分解和氮磷的去除，处理后的水沿着出水槽流出，由于污泥龄足够长，基本没有剩余污泥，所以不需要污泥处理设施。其工艺流程如图 8-13 所示。

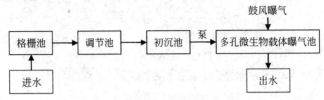

图 8-13 工艺流程图

### 3. 工程设计

污水处理站设计规模为 150 吨/日。

1) 格栅池

格栅池主要是用来拦截进水中的大颗粒悬浮物，设计尺寸为 1.5m×1m×1.5m。

2) 调节池

调节池的两个主要作用：①水量调节。该污水处理站的设计规模为 150m³/d，但是农村地区污水量的变化系数较大，因此设置调节池可以对污水量进行调节，污水量大时缓和一下，污水量小时暂时储存。②水质调节。污水水质的变化容易对后序污水处理系统造成冲击，调节池的作用就是缓和水质。调节池的设计尺寸为 5.7m×4.5m×3m。

3) 多孔微生物载体曝气池

多孔微生物载体的技术特点主要包括，①清洁、高效、广谱性。②不产生剩余污泥。③能耗较低。主体构筑物包括四个曝气池和一个沉淀池，曝气池的设计尺寸为 4.5m×3m×3m，沉淀池的设计尺寸为 4.5m×1m×3m。曝气系统共配置两台罗茨鼓风机，电机功率为 1.1kW，转速为 1200r/min。

污水处理站的工程实图和局部图见图 8-14 和图 8-15。

### 4. 处理效果

经调研可知，该污水处理站的进水水质：$COD_{cr}$ 874mg/L、$BOD_5$ 366mg/L、SS 207mg/L、氨氮 120mg/L、TP 5.2mg/L；出

图 8-14　污水处理站实拍图

图 8-15　多孔滤料的安装以及运行情况

水水质：$COD_{cr}$ 97mg/L、$BOD_5$ 50mg/L、SS 25mg/L、氨氮 17mg/L、TP 1.1mg/L。多孔微生物载体曝气池中的微生物在充足的氧环境下，能够充分降解水中有机污染物，多孔载体内外存在的缺氧、好氧交替环境使微生物硝化、反硝化反应彻底，因此该工艺 $COD_{cr}$、$BOD_5$、SS、氨氮的去除效果较好，基本满足《城镇污水处理厂污染物排放标准》(GB 18918—2002)一级 B 标准。由于工艺停留时间长，基本无剩余污泥外排，而 TP 的去除主要依靠剩余污泥的排放，因此该工艺 TP 的去除效果不理想，出水平均浓度为 1.1mg/L。多孔微生物载体曝气池工艺适用于污水中磷含量较低的情况。

### 5. 经济与成本分析

污水处理站的设计规模为 150$m^3$/d，总投资(不包括污水收集管网)共 38 万元，吨水投资为 2500 元/吨，吨水占地面积为 1.4$m^2$/t，年运行费用约 6000 元，吨水运行费用为 0.22 元/吨。其中污水处理设施年运行 300 天，运转符合率为 60%。

**6. 运行与管理方式**

该污水处理站的管理单位是即墨市建设主管部门，平时运行由专人看管，运行费用由所在村支付，设计单位负责运行后的技术指导和咨询，当地环保部门定期对进出水水质进行化验。

## 8.4 厌氧＋好氧联合处理技术工程实例

农村污水中有机物含量很高，特别是粪便污水，所以经过单独的好氧处理并不能很好的去除有机污染物，往往要在厌氧消化后再进行好氧处理，这样既能消除高浓度污水对处理系统的冲击，还能达到较好的除磷效果。下面介绍山东省某村的污水处理站所采用的毛细管润湿式土地处理工艺，该工艺实质上是厌氧和好氧处理技术的结合。

**1. 概述**

该村落靠近大沽河水源地，扎实推进农村污水集中处理系统的顺利进行，能够有效改善农民居住条件，改变农村面貌，并解决长期困扰农民的污水处理问题。毛细管润湿式土地处理工艺是运用自然原理的生态污水处理技术，是一种集环保、生态、资源循环利用于一体的小型生活污水处理技术，其特别适合于广大农村地区以及远离城市排水系统的小型分散居住区的生活污水的处理，在该工艺模式的管理上，体现出了农村生活污水处理工艺管理简单的要求和特点，平日无需专人看护，是适合农村地区污水处理的工艺之一。

**2. 工艺流程**

污水经过调节池、沉砂池等预处理后进入隔油池，去除部分有机物质和氮磷，经过充满生物填料的厌氧生物滤池，去除有机物的同时达到厌氧释磷的效果，在接触氧化池中的好氧的环境下消耗污水中大部分有机物，经过以上生化处理后，处理后出水经管网输送至土地处理系统，通过砂粒的毛细管虹吸作用，缓慢的上升，并向四周浸润、扩散，进入周围土壤。在地面下的 $0.3\sim0.5m$ 的土壤层内存活着大量的微生物和各种微型动物，在这些微生物的作用下。污水中的有机物被吸附降解。污水中的有机氮在微生物的作用下转化为硝酸氮，伸入土壤层的植物根系吸收部分有机污染物、硝酸盐氮和磷等营养物，土壤的微生物又为原生动物和后生动物等微型动物所摄取，这样，在毛细管浸润系统中形成一个生态系统，通过生物、土壤系统的复杂而又互相联系和互相制约的作用下，污水得到净化。工艺流程见图 8-16。

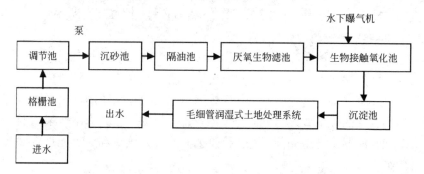

图 8-16　毛细管润湿式土地处理工艺流程图

### 3. 工程设计

污水处理站设计规模为 200 吨/日。

（1）调节池

调节池的作用是调节污水水量和水质，保证后序处理过程稳定运行。调节池的设计尺寸为 6.7m×5.7m×4m。池内安装有潜污泵和内循环管。

（2）沉砂池

沉砂池设置有两个漏斗形的沉砂槽，设计尺寸为 8.1m×0.3m×3.2m，池内有效水深为 2.1m。沉砂槽底部设有排砂管，下部设有集砂槽。

（3）隔油池

隔油池的作用就是对污水的水质进行预处理，类似于化粪池，设计尺寸为 8.1m×1m×5m。

（4）厌氧生物滤池

池内装有填料，形成厌氧环境，保证厌氧菌对水中有机污染物的分解消耗。共有两座厌氧生物滤池，设计尺寸为 8.1m×6m×

5m，其中填料高 3m，安装在离池底 1m 的位置。两座厌氧生物滤池中间有隔墙相隔，增大污水的停留时间，保证处理效果。

(5) 生物接触氧化池

该构筑物即该工艺的好氧部分，内部安装有水下曝气机，设计尺寸为 4m×3.8m×5m。

(6) 沉淀池

沉淀池设置在氧化池之后，起固液分离的作用。设计尺寸为 3m×3m，底部为漏斗形，池底尺寸为 0.4m×0.4m，坡度为 55°，池底安装有小型抽砂泵。

(7) 毛细管润湿式土地处理系统

该系统是本工艺的主要部分，污水经厌氧和好氧处理后，进入土地处理系统，该系统底部铺有防渗层，防渗层上边铺设有生物填料，出水管采用 PVC 管，均匀地铺设在填料层内，然后上边覆盖土壤层，最上层是植被层。污水从底部进入，随着水位的升高，生物调料和土壤中的微生物对污水进行高效处理，处理后出水经 PVC 收集管流入出水槽。

污水处理站的实际工程见图 8-17 和图 8-18。

图 8-17 铺设的污水收集系统

图 8-18 建成后的土地处理系统

## 4. 处理效果

经调研可知，该污水处理站的进水水质：$COD_{cr}$ 540mg/L、$BOD_5$ 300mg/L、SS 240mg/L、氨氮 65mg/L、TP 4.8mg/L；出水水质：$COD_{cr}$ 50mg/L、$BOD_5$ 20mg/L、SS 16mg/L、氨氮 9mg/L、TP 0.8mg/L。毛细管润湿式土地处理工艺是常规生物处理工艺和

自然生物处理的结合,后者属于强化处理,处理后的出水水质较好,$COD_{cr}$、$BOD_5$、SS、氨氮、TP 的去除效果较好,满足《城镇污水处理厂污染物排放标准》GB 18918—2002 一级 B 标准。该工艺处理后出水水质好,后期运行管理也较为简单,从处理效果的角度考虑,该工艺值得推荐。该工艺主要适用于空闲土地较多的农村地区。

**5. 经济和成本分析**

污水处理站的设计规模为 $200m^3/d$,总投资(不包括污水收集管网)共 55 万元,吨水投资为 2800 元/t,吨水占地面积为 $3.5m^2/t$,年运行费用约 6000 元,吨水运行费用为 0.17 元/t。其中污水处理设施年运行 300 天,运转符合率为 60%。

**6. 运行与管理方式**

该污水处理站的管理单位是胶州市建设主管部门,运行费用由所在村支付,设计单位负责运行后的技术指导和咨询,当地环境监测部门定期对进出水水质进行化验。

# 附录 技术列表

| 技术编号 | 技术名称 | 适用地区 | 页码 |
|---|---|---|---|
| PS-1 | 庭院排水设施 | | 16 |
| PS-2 | 村落排水设施 | | 19 |
| PS-3 | 滤池与过滤器 | 适用范围广，可在全国各农村地区推广使用 | 36 |
| PS-4 | 沉淀池 | 适用于全国各农村地区的污水处理 | 40 |
| PS-5 | 混凝澄清池 | 适宜在全国农村范围内推广使用。北方寒冷地区使用时，最好建在室内，并加以保温设施 | 44 |
| PS-6 | 活性炭吸附 | 适宜在经济较发达的农村地区推广使用 | 48 |
| PS-7 | 氯消毒、臭氧消毒紫外线消毒设备，含氯消毒药片 | 适宜在全国农村地区推广使用 | 51 |
| PS-8 | 化粪池 | 化粪池的应用不受气温、气候和地形的限制（因可建在地下，便于恒温或采取保温措施），可广泛应用于我国各地农村污水的初级处理，特别适用于生态卫生厕所的粪便与尿液的预处理 | 56 |
| PS-9 | 沼气池 | | 61 |
| PS-10 | 氧化沟 | 适合农村村落和集镇的污水处理。寒冷地区需要增设保暖措施 | 61 |
| PS-11 | 生物接触氧化池 | 适合在全国大部分农村地区推广使用。装置最好建在室内或地下，并采取一定的保温措施 | 69 |
| PS-12 | 生物滤池 | 适宜全国大部分农村地区使用，特别是资金来源缺乏的农村地区，主要针对村落规模污水处理。由于工艺布水特点，对环境温度有较高要求，适宜在年平均气温较高的地区使用。而在北方冬季气温较低的农村地区使用时需建在室内，最好保证水温在10℃以上 | 78 |

续表

| 技术编号 | 技术名称 | 适用地区 | 页码 |
| --- | --- | --- | --- |
| PS-13 | 生态滤池 | 生态滤池适用于全国大部分的村庄，但在北方寒冷的冬季，应该注意防止床体内部结冰，降低滤池的处理效率 | 84 |
| PS-14 | 人工湿地 | 由于其特色和优势鲜明，国内外人工湿地的应用范围越来越广泛，很快被世界各地所接受。尤其是对于资金短缺、土地面积相对丰富的农村地区，人工湿地具有更加广阔的应用前景，这不仅可以治理农村水污染、保护水环境，而且可以美化环境，节约水资源 | 87 |
| PS-15 | 稳定塘 | 它的适用范围广泛，可在我国大多农村地区进行使用 | 94 |
| PS-16 | 土地渗滤技术 | 污水土地处理是在污水农田灌溉的基础上发展而成。随着污染加剧和水资源综合利用需求的提升，土地处理系统得到了系统的发展和总结，目前已广泛应用于污水的三级处理，甚至在二级处理中，也取得了明显的经济效益和环境效益 | 97 |
| PS-17 | 亚表层渗滤 | 亚表层渗滤技术对浅表层的土壤作了开挖，根据污水水质和出水要求，填埋了各种基质。基质中埋设有穿孔布水管，基质上方回填土壤。回填土上可种植牧草，但不宜种植灌木和乔木，因为这些植物的根系有较强的穿透力，会破坏地表下的基质和布水管网。亚表层渗滤技术只对表层土进行了更换或改进，适用于地质条件较差，不易作深层挖掘的地区。它的工程量相对地下渗滤技术少，费用也有所减轻，在工程投入较少的情况下，也能取得较理想的效果 | 101 |
| 单户和多户污水处理技术 | | | |
| PS-18 | 污水化粪池或沼气池处理技术 | 经济条件较差的地区，以及排放水质要求较为宽松的地区 | 105 |
| PS-19 | 化粪池或沼气池＋生态滤池 | 本技术适合有土地资源可以利用的地区 | 105 |
| PS-20 | 化粪池或沼气池＋人工湿地 | 本技术适合有土地资源可以利用的地区 | 105 |
| PS-21 | 化粪池或沼气池＋土地处理 | 本技术适合有土地资源可以利用的地区 | 106 |

续表

| 技术编号 | 技术名称 | 适用地区 | 页码 |
|---|---|---|---|
| PS-22 | 化粪池或沼气池＋稳定塘 | 本技术适合有土地资源可以利用的地区 | 106 |
| PS-23 | 化粪池或沼气池＋生物滤池 | 本技术适合经济较发达地区以及对排放水水质要求严格的地区，通过化粪池或沼气池＋生物处理组合技术处理后的出水一般能达到《城市污水厂污染物排放标准》中的二级排放标准，处理后的可直接农田灌溉 | 106 |
| PS-24 | 化粪池或沼气池＋生物滤池 | 本技术适合经济较发达地区以及对排放水水质要求严格的地区，通过化粪池或沼气池＋生物处理组合技术处理后的出水一般能达到《城市污水厂污染物排放标准》中的二级排放标准，处理后的可直接农田灌溉 | 106 |
| PS-25 | 生物＋生态深度处理组合技术 | 经济条件许可的地区、排放水要求高的地区、处理水回用的地区 | 107 |
| PS-26 | 雨水利用技术 | 缺水地区或初期雨水污染严重的地区 | 107 |
| 村庄污水处理技术 | | | |
| PS-27 | 化粪池或沼气池＋氧化沟组合技术 | 因经济条件较差的地区以及排放水水质要求高较为宽松的地区 | 109 |
| PS-28 | 化粪池或沼气池＋生物接触氧化组合技术 | 经济条件较差的地区以及排放水水质要求高较为宽松的地区 | 110 |
| PS-29 | 化粪池或沼气池＋生物滤池组合技术 | 经济条件较差的地区以及排放水水质要求较为宽松的地区 | 110 |
| PS-30 | 化粪池或沼气池＋生态滤池组合模式 | 本技术适合经有土地资源可以利用的地区 | 111 |
| PS-31 | 化粪池或沼气池＋人工湿地组合模式 | 本技术适合经有土地资源可以利用的地区 | 111 |
| PS-32 | 化粪池或沼气池＋土地渗滤组合模式 | 本技术适合经有土地资源可以利用的地区 | 111 |
| PS-33 | 化粪池或沼气池＋稳定塘组合模式 | 本技术适合经有土地资源可以利用的地区 | 112 |

# 参考文献

[1] 张克强. 农村污水处理技术. 2006年10月第1版. 北京：中国农业科学技术出版社.

[2] Lens P, Zeeman G, Lettinga G. Decentralised Sanitation and Reuse——Concepts, System and Implementation. London: IWA publishing.

[3] 杨俊，龚琴红. 人工湿地在我国农村生活污水治理中的应用. 农业环境与发展.

[4] 张忠祥，钱易. 废水生物处理新技术. 2004年2月第1版. 北京：清华大学出版社.

[5] 高廷耀，顾国维. 水污染控制工程. 1999年5月第2版. 北京：高等教育出版社.

[6] 北京市市政工程设计研究总院. 给水排水设计手册. 2004年第2版. 北京：中国建筑工业出版社.

[7] 张自杰等. 排水工程（下）（第四版）. 北京：中国建筑工业出版社，2002.

[8] 上海市建设和交通委员会. 室外排水设计规范（GB 50014—2006）. 北京：中国计划出版社，2006.

[9] 中国市政工程西南设计研究院. 给水排水设计手册（第二版）（第1册）常用资料. 北京：中国建筑工业出版社，2004.

[10] 北京市市政工程设计研究总院. 给水排水设计手册（第二版）（第5册）城镇排水. 北京：中国建筑工业出版社，2004.

[11] 北京市市政设计研究院研究所. 农村给水设计规范. 中国工程建设标准化协会，1996.

[12] 北京土木建筑学会. 新农村建设给排水工程及节水. 北京：中国电力出版社，2008.